数学
天方夜谭
数的
龙门阵

陈永明　沈为民　朱行行◎著

清华大学出版社
北　京

图书在版编目（CIP）数据

数学天方夜谭. 数的龙门阵 / 陈永明，沈为民，朱行行著.
北京：清华大学出版社，2024. 10. -- ISBN 978-7-302-67500-6

Ⅰ. O1-49

中国国家版本馆 CIP 数据核字第 20244N3D40 号

责任编辑：胡洪涛　王　华
封面设计：傅瑞学
责任校对：薄军霞
责任印制：曹婉颖

出版发行：清华大学出版社
　　　　网　　　址：https://www.tup.com.cn, https://www.wqxuetang.com
　　　　地　　　址：北京清华大学学研大厦 A 座　　　邮　　编：100084
　　　　社 总 机：010-83470000　　　　　　　　　邮　　购：010-62786544
　　　　投稿与读者服务：010-62776969，c-service@tup.tsinghua.edu.cn
　　　　质量反馈：010-62772015，zhiliang@tup.tsinghua.edu.cn
印 装 者：大厂回族自治县彩虹印刷有限公司
经　　销：全国新华书店
开　　本：165mm×235mm　　印　张：8.25　　　字　　数：127 千字
版　　次：2024 年 12 月第 1 版　　　　　　　印　　次：2024 年 12 月第 1 次印刷
定　　价：45.00 元

产品编号：102972-01

写在前面

很久以前,有一个萨桑国,国王山鲁亚尔生性残暴,每夜娶一个妻子,在第二天清晨就将其杀害。宰相的女儿山鲁佐德,为了拯救其他女子的生命,自愿嫁给国王。她用讲故事的方法,引起国王的兴趣,每夜讲一个故事,一直讲了一千零一夜。终于,国王悔悟,并与山鲁佐德白首偕老。由这些故事编成的书就叫《一千零一夜》,又名《天方夜谭》。

今天在数学王国里,枯燥的数字,烦琐的运算,抽象的证明,使很多同学渐渐疏远了数学。在这套书中我们向大家介绍生动有趣的数学故事、引人入胜的数学小品以及设计巧妙的数学游戏。有的源自古代神话和历史典故,有的与现代数学息息相关,让人捧腹大笑的同时又感受到数学的美。

1988 年我和沈为民、朱行行共同编写出版了《数学天方夜谭》,是你的爸爸妈妈小时候读过的书,当时在小朋友中间颇有影响,重印过多次。现在看来,还是具有生命力的。因为时代在发展,我们对内容做了一定的调整,由我负责完成修订,除一部分是精彩的"保留节目"外,还特别选择了一些新鲜内容,补充了数学界的新成果,有的可能还是在国内青少年读物中首次出现呢。

这套书包括《数学天方夜谭:数的龙门阵》(主要讲算术和代数知识)和《数学天方夜谭:形的山海经》(主要讲几何知识),既像龙门阵那样博采众长、妙趣横生,又像山海经那样天南地北、海阔天空。希望它能打动你、吸引你,成为你的好朋友,并且让这些生动的数学故事和有趣的数学游戏帮助你爱上数学、学好数学。

陈永明

2024 年 10 月

目 录

八、 数字和龙门阵 /112

一、记数奇闻

1. 其实狗狗不识数

我们在电视里常常会看到马戏团的狗狗识数表演,会认为这些狗狗真聪明,竟然会做加法。其实这主要是训练的结果,狗狗可能并不认识数。

日本数学家小平邦彦,是菲尔茨奖(数学没有诺贝尔奖,菲尔茨奖是数学界的最高奖)得主。数学家啊,就是与众不同,不是说他们有多聪明,而是他们的思维习惯与众不同,他们观察事物的着眼点就不同于常人,他们对有些事物特别感兴趣,有敏锐的观察力,而且喜欢问为什么。

小平邦彦在小学五年级的时候,家里饲养的母狗生了 6 条小狗。小平邦彦就开始观察,看看狗狗是不是识数。他发现如果把 6 条小狗全部藏起来,母狗会四处寻找，急得像热锅上的蚂蚁；但如果只把 5 条藏起来，留下 1 条在它身边的话，母狗却心平气和，仿佛孩子们都在它身边，完全不会发现有什么不对劲。

于是小平邦彦得出"狗可能没有数量的概念"的结论。你看，他多么善于观察，善于思考。

狗狗是这样的，那么别的动物怎么样呢？

有位数学史家叫丹齐格，在 1930 年做了一次实验。

有一个农民想抓住在屋子里做窝的乌鸦，但是乌鸦太聪明了，农民就是拿它没办法。每当他走进屋子里企图靠近它，它就飞出去，躲在附近的一棵大树上，远远地望着他。直到农民离开这间屋子，它才悄悄地又飞进来了。实在奈何它不得！

后来，这个农民想了一个计策。他让两位朋友走进这间屋子，然后，一个人走出来。乌鸦远远地望着，"嘿嘿，还有一个人躲在屋子里，我才不上当呢"。

接着，主人安排了三个人走进屋子，出来两个，乌鸦还是不上当。

然后是四个人，出来三个，乌鸦仍然不上当。真是一场智斗。

直到进去五个人，出来四个时，乌鸦头脑发晕了。

"大概都出来了吧？"于是乌鸦悄悄地飞进屋子。

这下上当了，农民逮住了它。

丹齐格认为，乌鸦可能认识 1～4，但不认识 5 和 5 以上的数。

这两个实验可能不很精确，因此实验结果也未必正确，但是，这种钻研精神值得我们学习。

2. 古波斯酋长的皮绳

古时候，亚洲西部有个波斯部落，一度十分强盛。为了不断地扩张疆土，波斯酋长经常率兵侵略其他部落。

有一次，酋长又准备出征打仗了，临走前，他逐一安排了留守部队的任务。最后，他对留守将士说："我走了以后，你们必须在 60 天内全力守卫城桥，不得有误！"

"是！"将士们齐声回答："可是，可是……"

"可是什么?"

"我们不知道怎样才算过了 60 天。"

原来,当时的波斯人还不会记大的数,而且对许多人来说,60 是一个很大的、无法想象的数。于是聪明的酋长吩咐卫士取来一根长长的皮绳,让卫士在上面打了 60 个结,然后交给受命守桥的将士,说:"从我走的那天起,你们每过一天,解开一个绳结。什么时候绳结解完了,60 天就过完了,你们的任务也就完成了。"

留守的官兵再笨,一天解一个结,总还是会的。就这样,他们完成了任务。

这种用绳结记数的方法,是历史上最早出现的记数方法之一,在许多古老的民族中流行过。古代秘鲁的印加人,每收进一捆庄稼,就在绳子上打一个结,用来记录收获的多少。印加人的绳结有 10 种不同位置,利用绳结位置和颜色的变化,他们不仅能记录整数,还能记录分数和几何图形,进行简单的算术运算与逻辑推理,甚至还记录了许多流传在民间的历史奇闻和美丽动人的神话故事。

3. 别具一格的关节记数

在一个特殊的农副产品交易市场里,一个渔夫正在用捕捞来的鱼和山民换取果子。他先试探性地伸出左手的大拇指，然而山民坚决地摇了摇头，使劲地用右手肘撞击左手掌。渔夫迟疑了一下，用手点了点自己的左肩，山民却用手指着右侧锁骨。最后渔夫指着自己咽喉，山民终于点头答应，买卖成交了。

这是怎么一回事呢？

原来，他们比比画画是在讨价还价呢！

讨价还价怎么用这种动作？这得从记数方法说起。

古时候记数方法很多，有绳结记数、刻痕记数等，但最奇特有趣的是一种用关节记数的方法。上面所说的正是用关节记数的民族——居住在大洋洲某些岛屿上的土著人，他们在做买卖时使用这样一种记数方法。据说，这种方法一直沿用至今。

把这段哑谜翻译出来就是：

"我用 5 条鱼和你换果子，行吗？"渔夫问。

"不行！得 15 条！"山民不答应。

"那么，9 条鱼够了吧！"渔夫添了 4 条。

"出 12 条，你就拿去。"山民也做了让步。

"11 条。再多一条也不换了。"

"好吧，11 条就 11 条。实在便宜你了。"

具体地说，他们的记数方法是这样的：

用左手小指表示 1，用左手无名指表示 2，……，用左手大拇指表示 5；接着，左手腕表示 6，左手肘表示 7，左腋表示 8，左肩表示 9，左侧锁骨的凹陷表示 10，咽喉表示 11；再接着对称地向右数下去，到右手腕表示 16，最后直至右手小指表示 21；然后再从左脚的小足趾开始数脚趾，一共可以数到 31。

这些土著人为什么要用这么麻烦的动作来表示数呢？

据猜测，大概和他们的数字有关吧。他们只有两个数字 1（乌拉勃）和 2（阿柯扎），3 是"阿柯扎——乌拉勃"，4 是"阿柯扎——阿柯扎"。你别说他们落后，到今天，这可是一种先进的"二进制记数法"。

用来表示大一点的数目时，得用一串长长的数字才行。比如 8 要读成"阿柯扎——阿柯扎——阿柯扎——阿柯扎"。这对土著人来讲实在过于困难了，难怪他们觉得还是用动作表示更简单易懂。所以实际上，他们的记数系统是二进制和关节记数两者并用。

4. 大西岛之谜

20世纪八九十年代,曾经上映过一部名叫《大西洋底来的人》的美国电视连续剧。由于当时刚改革开放不久,这部电视剧让人感到很新鲜,所以到了晚上人们都在家里观看此剧。

男主人公麦克是一个从大西洋底下冒出来的水陆两栖人。什么? 大西洋底冒出来的? 这件事听起来荒唐,却事出有因。

在欧洲人的传说中,大西洋里原来有个大西岛,后来不知为何突然从洋面上消失,人们猜测是沉到海底去了。电视剧编剧想象大西岛沉没以后,岛上的人在海底下仍然生存繁衍,麦克就是海底大西岛人,于是衍生出这个故事。

与此有关的还有一个传说:古希腊政治家和诗人梭伦,生活在公元前600年前后,一生游历过许多地方。当他来到埃及的时候,听许多博学的埃及祭司说:从前地中海上有一个大西岛,后来一场巨大的灾难从天而降,汹涌咆哮的海水冲上了大西岛,这个岛连同它的全体居民都沉到了海底。

埃及祭司利用埃及数码,把岛的面积、灾难降临的日期告诉了梭伦。这些数码是非常有趣的:

最有意思的是,用一个"感到吃惊的人"来表示1 000 000这个数字。这个人好像在说:"这个数多么大啊!"

梭伦根据当时对古埃及数字的翻译方法,把岛的面积读成80万平方英里(1英里=1.609千米),日期读成9000年前。可是这样一来,这个传说就显得出入太大了,因为连整个地中海也无法容纳这么大的岛。这使许多古代学者感到迷惑不解,于是这个美妙的传说便成了千古之谜。

过了很多年,古希腊学者柏拉图对此事进行了一些考证。最后,他认为大西岛应该在与地中海毗连的大洋里,这个大洋后来就叫作大西洋。

那么,大西岛究竟在什么地方呢? 说它在大西洋里,无论从地质或人类历史上来看,都没有足够的依据。是不是在长期的地壳变化中,地中海变小了呢?

也不是。地质研究结果表明，尽管大西洋一直在扩展，地中海一直在收缩，但变化速度极缓慢，几个世纪中不可能出现那么大的改变。

这到底是怎么回事呢？直到近代这个千古之谜才被解开。科学家对地中海海底进行的地质考察表明，古代地中海曾经发生过一场强烈的火山爆发，使米诺斯文化毁于一旦，但时间是在梭伦之前 900 年，沉入海底的岛的面积也只有 8 万平方英里。不仅如此，地中海中还静卧着一个克里特岛，岛上的梅萨拉平原的长和宽，都只有当时记载数据的 1/10。于是有人大胆猜测，这个使许多学者迷惑不解的大西岛之谜，可能是读错了古埃及的数字而产生的。这种读法把位值提高了一位，也就是扩大了 10 倍。经过反复核实，这个观点已被大多数学者所接受。

你看，一位之差，竟使几个世纪以来众多学者绞尽脑汁。同学们，如果你们有粗枝大叶的毛病的话，该不该改一改呢？

5. 笑与哭告诉你数目——玛雅文化之谜

古时候，中美洲生活着玛雅人，他们曾经建立了极高的文明。他们的数学和天文学知识，甚至使现代科学家都感到吃惊。比如，玛雅人计算出一年为 365.2420 天等。

16 世纪中叶，西班牙殖民者顺着哥伦布的足迹，来到了玛雅人居住的地方，西班牙主教被高度发展的玛雅文化惊呆了，认为这是"魔鬼干的事"，下令焚毁玛雅城邦。由于殖民文化的入侵、同化，玛雅文化也逐渐消亡。

19 世纪，年轻的美国外交官斯蒂文游历了中美洲，写了一本旅行纪实，激起了人们研究玛雅文化的热情。有人根据地球上的某些迹象，大胆猜测玛雅人的下落，甚至断言他们与天外来客有关；而另一些更为实际的人，却试图借助最先进的技术手段来解开玛雅文化之谜。

作为玛雅文化的一部分——玛雅数系，可以说是世界上最奇特的数字体系。尽管他们和不少习惯于打赤脚的古代部落一样采用二十进制，但与众不同的是，他们仅采用 3 个数码：·、一、◉。据数学史家猜测，它们分别是石子、小棒和贝壳的形象。·表示数 1；一表示数 5；在表示数的符号下方画上一个 ◉，则表示把这个数扩大为 20 倍。

为了便于记日期,玛雅人巧妙地规定:在表示数的符号下方添上第二个 （此处为眼睛符号），这个数不再乘以 20,而是乘以 18。这样, （符号）不是表示 400,而是表示 360。

数系中符号 0 的发明和使用,对整个人类文化起到了重要的推动作用。研究玛雅文化的学者认为,至少在公元前 3 世纪,玛雅已经有了 0 的概念,在他们的文字中,符号 0 好像一个半闭的眼睛。

更有趣的是,玛雅人还用人的表情来表示数字:数码 2 仿佛按捺不住高兴的心情,正在偷偷地笑;数码 3 显得很安详;数码 4 却满脸不高兴;数码 6 简直在大声吼叫了。

这种用表情表示的数,专门刻在一些石柱上,用来记录流逝的日期。既然玛雅人能用点、横、贝壳这 3 个简单的符号来表示任何一个自然数,那为什么还要采用这种世界上最繁杂的人面形数字呢? 真是一个奇怪的谜。

6. "芝麻,芝麻,开门吧!" ——从"堆砌"记数到位值记数

不知从何时起,生活在西亚大沙漠的阿拉伯人之间,流传起一个令人神往的神话:阿里巴巴得到了一个密语,当他向着大山说声"芝麻,芝麻,开门吧"时,沉重的石门就自动打开,各种灿烂夺目的珍宝便呈现在眼前。

数学家也在寻找开启宝库的密语。在公元 6 世纪之前,古希腊人在几何方面已有很高的造诣,但总的来说人类在算术和代数方面的知识还极其贫乏。问

题的症结在于记数的方法不合理，从而严重阻碍着计算技术的提高。

让我们看一看当时的几种记数方法吧。

前面已经说过，古埃及人用象形文字记数，表示一个具体数字时，就把这些符号堆砌起来，例如122表示成

即一个100，两个10，两个1，堆在一起。

古希腊人借用希腊字母表的字母和增添的几个符号表示数，为了把数和字母区别开，在数的上面画一条横线。字母表中的前9个字母是第一级，分别表示1，2，…，9；第二级，分别表示10，20，30，…，90；然后是第三级，第19个字母表示100，第20个字母表示200，……。

$\bar{\alpha}$	$\bar{\beta}$	$\bar{\gamma}$	$\bar{\delta}$	$\bar{\epsilon}$	$\bar{\varsigma}$	$\bar{\zeta}$	$\bar{\eta}$	$\bar{\theta}$
1	2	3	4	5	6	7	8	9
$\bar{\iota}$	$\bar{\kappa}$	$\bar{\lambda}$	$\bar{\mu}$	$\bar{\nu}$	$\bar{\xi}$	$\bar{\upsilon}$	$\bar{\pi}$	$\bar{\sigma}$
10	20	30	40	50	60	70	80	90
$\bar{\rho}$	$\bar{\sigma}$	$\bar{\tau}$	$\bar{\upsilon}$	$\bar{\varphi}$	$\bar{\chi}$	$\bar{\psi}$	$\bar{\omega}$	$\bar{\vartheta}$
100	200	300	400	500	600	700	800	900

同埃及人一样，在表示具体数字时，也用这些符号堆砌起来。但因为数的符号很多，所以避免了同一符号的重复堆砌，例如122可表示为：

$$\overline{\rho\kappa\beta}$$

这种记数方法还影响了古代俄罗斯人。

罗马人创造的数字现在还能在一些钟表的表盘上看到。他们是这样记数的：

I	V	X	L	C	M
1	5	10	50	100	1000

数字203他们表示成

$$CCⅢ$$

即两个100，三个1组合起来。

数字68则表示成

LX Ⅷ

即一个 50，一个 10（合起来 60），一个 5，三个 1（合起来是 8）组合起来。

可以看出，他们基本上也用堆砌的方法记数，但是他们又有独到之处，有时他们也用"减法法则"，例如把"1"放在"5"的右面表示"5＋1"，即 6；把"1"放在"5"的左面时，则表示"5－1"，即 4。同样，把"1"放在"10"的左边，表示"10－1"，即 9。

Ⅵ   Ⅳ   Ⅸ

6   4   9

纵观这些记数方法，尽管进制不一定相同，但都有一个共同的特征，就是用几个基本符号作为数码，在表示一个较复杂的数的时候就重复使用这些符号，也就是将它们"堆砌"起来，结果是越来越复杂。

不堆砌能不能记数呢？我们中华民族走的就是另一条道路。据甲骨文和钟鼎文记载，在殷商时期就比较系统地采用一种竹棍（算筹）记数的方法，这种方法对从 1 到 9 的每个数都规定了纵、横两种格式，0 用空格表示：

	纵式								
横式									
	1	2	3	4	5	6	7	8	9

例如 6451 表示成

⊥ ‖‖‖ ≡ |

可以看出个位用纵式，十位用横式，百位用纵式，……如此交错使用。与埃及人不同，不给 10，100 等规定新符号，更不给 20，30 等规定新符号。那怎么表示 10，100 呢？原来我国的记数方法用的是"位值制"，即同样一个数码"1"，放在不同的位置上可以分别表示 1，10，100，1000，等等。这样，仅仅 9 个数码再加上一个空格就能表示任意的数，并且能直接对它们进行运算，大大减轻了人脑的负担。

位值制比起堆砌制来说，优越性是十分明显的，可以毫不夸张地说，这好像是打开数学宝库的一套密语。从此，人类走进了装满奇珍异宝的数学宝库。

7. 名不副实的阿拉伯数字

我们现在采用的数字 1, 2, 3, …通常叫阿拉伯数字。可是你知道吗, 发明阿拉伯数字的不是阿拉伯人, 而是印度人。什么? 竟然张冠李戴, 不知道版权吗? 哈哈, 当时哪来什么版权法啊。

古时候, 印度人把一些横刻在石板上表示数, 一横表示 1, 两横表示 2……后来, 他们改用棕榈树叶作为书写材料, 就把笔画连了起来, 比如把 2 写成 乙, 把 3 写成 乼。经过近千年的变化, 这些数字才逐渐接近今天的阿拉伯数字的模样。

印度数系和中国数系一样, 也是采用十进位的位值制。用这种数系, 只用 10 个数字就能表示任何一个数, 使记数和计算变得十分简便。

公元 8 世纪, 印度一位叫堪克的数学家, 携带数学书籍和天文图表, 随着商人的驼队, 来到巴格达城。他拜访了阿拔斯王朝的君主, 哈里发(即阿拉伯国家的最高统治者的称呼)对他带来的书籍和图表很感兴趣, 下令把它们全部翻译成阿拉伯文。阿拉伯人本来只有数的名称而没有记数的方法, 用起来很不方便, 因此印度数字很快在阿拉伯半岛上流行开来。这时候, 中国的造纸术正好传入阿拉伯,对学术的传播起到重要的推动作用。

阿拉伯半岛面临红海湾,是东西方通商要道。在公元 7 世纪,阿拉伯帝国已经迅速昌盛起来。巴格达是伊斯兰文化中心,这里建立了一些学院、图书馆和天文台,各国学者、商人纷至沓来,科学文化得到了蓬勃发展。

阿拉伯一位学者阿尔·花剌子模,在惊叹印度数系无可比拟的巧妙之余,写了一本算术书,进一步介绍这种数字的使用方法。这本书和其他一些书籍,随着东西方商业往来,传入欧洲。欧洲各国学者们纷纷到阿拉伯中心去钻研阿拉伯著作,并把所能买到的书籍全部带回欧洲。英国数学家阿德拉德在阿拉伯人管理的大学学习多年,翻译了大量数学资料,把阿拉伯数字及计算方法带回了英国。

意大利数学家斐波那契,游历很广。他每到一处就去拜访那里的学者,学习当地的商业数学。经过比较,他认为其他计算方法都远远落后于阿拉伯人的算法。于是他回到意大利后,就全力写出《计算之书》,详细介绍阿拉伯记数制和整数、分数的种种算法。由于《计算之书》顺应了当时商业上的迫切需求,深受欧洲各国的欢迎。1400 年,各国商人率先使用新的数学系统,开设新算术的学院也开始遍及欧洲,受过教育的人甚至把它当作一种魔术,使之成为最受赞赏的招待客人的游戏。

由于欧洲人是从阿拉伯人那里学来的这种数字,所以欧洲人称它为阿拉伯数字。随着欧洲殖民者的扩张,"阿拉伯数字"终于走向了世界。

但是,阿拉伯数字(确切地说是印度数字)在走向世界的旅程中,并非一帆风顺。13 世纪,意大利佛罗伦萨城曾用法律名义禁止职员使用新数码;14 世纪时,意大利帕度亚大学还坚持用罗马数字标写图书价目。当然这种逆历史潮流的行为,不久就被滚滚的浪潮吞没了。

8. 0 的遭遇

"0 是不是自然数?"

过去,我国的教材都规定 0 不是自然数。但近几十年改了,规定 0 是自然数了。

所谓自然数 1，2，3，…，是原始人在实践中"自然"懂得的数，在现在看来，认识"0"也很自然，学龄前的小孩子大多已知道"0"这个数了。但是，从历史发展来看却不然。

数 0 的最初含义就是"没有"。古人认为，既然什么也没有，就没必要为它确定专门的符号。因此，在不少民族的文化史上，不同形式的数码出现了很久，但 0 却一直没有出现。

后来，采用位值制的民族经常碰到有缺位的数，比如 109，怎样表示中间的那个缺位呢？古代巴比伦人用符号"⪦"，印度人用"·"。我国开始就用空位，之后用"□"，后来用"○"，大概因为圆圈写起来更顺手吧。目前通用的"0"这个符号，由于时代过于遥远，已经很难确认是哪个民族发明的了。据英国科学史家李约瑟博士考证，它最先出现于中印边界接壤处，很可能是两国人民共同所创。从人类认识"1"到认识"0"，竟用了 5000 年的时间，可见 0 的发现很不"自然"！

0 诞生后，印度数学家首先把它作为一个数进行了研究。这些研究对算术的发展起到了重要的推动作用。

罗马数字不是采用位值制的。它用几个表示数的符号，按照一定的规则把它们组合起来，表示不同的数目，不牵涉缺位的问题。在一段时间里，他们根本不需要认识"0"这个数字。

从公元 3 世纪到 10 世纪，欧洲处于黑暗时期。罗马帝国攻占了西欧大部分领土。战争连绵不断，教皇势力很大，一切不符合教义的思想都遭到禁止，几十万种书籍被烧毁，异教徒被烧死。历史上最早的女数学家希帕蒂娅在这时被一群疯狂的基督教徒抓住，迫害致死。

0 正是在这样的形势下通过阿拉伯商人传到西欧。当时的罗马教皇尤斯蒂尼昂为了加强罗马帝国和罗马神教的统治，宣布："罗马数字是上帝创造的，不允许 0 存在，这个邪物加进来会玷污神圣的数。"并下令禁止任何人使用 0 记数。

有位罗马学者从一本被查禁的天文书中看到阿拉伯数字中的 0，给记数、运算带来极大的方便，就不顾教皇的禁令，把有关知识记录下来，并在熟识的人中间悄悄流传。后来这件事被人告密，罗马教皇大发雷霆，立即派人捉拿那位学者，并且投入监狱。由于那位学者毫不屈服，教皇又下令对他施以酷刑，用夹子把他的十个手指紧紧夹住,使他两手残废,再也不能握笔写字。这位学者最后在饥寒交迫中死去。在科学进步的漫长道路上,也是会有牺牲的。

罗马教皇的禁令,推迟了西欧文化的进步,却无法阻止历史的潮流。0 终于通用于欧洲,而罗马数字却要被淘汰了。

9. 大写数字

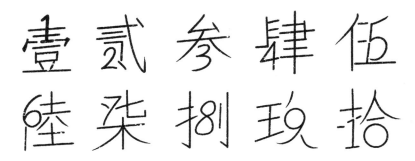

网上有个小故事,说一位小朋友考试得了 18 分,他害怕家长责备,偷偷地把 18 分改成了 78 分,躲过了一顿臭骂。后来他和同伴交流心得,说"如果改成 98 分,我妈可能要高兴得跳起来啦。"

这仅仅是一个分数,篡改一下,尽管不好,但毕竟不算什么大事。假如银行里收付款,也遇到这样的情形,问题可就大了。不但阿拉伯数字很容易被篡改,就连我们平时用的一、二、三……这样的小写汉字数字,也很容易被篡改。比如,数字"一",只要加一两笔,就可以轻而易举地变成"二""三",甚至"十"。

还有一个小故事,说的是一个无赖到包子铺买包子,看到牌子上的价格为"一元一个"。这个无赖欺负铺子老板人太老实,用笔把"一元一个"偷偷改为"一元十个",占了便宜。

事后,这个无赖跟他的狐朋狗友说:"我心肠软,要是改成'一元千个',我就发财了!"

这个小故事说明,小写数字很容易被篡改。

为了防止篡改金额,我国的数字除使用阿拉伯数字以及小写的汉文数字之外,还有一套大写汉文数字系统。这套系统是这样的(表 9-1):

表 9-1　我国数字系统

一	二	三	四	五	六	七	八	九	十	○
壹	贰	叁	肆	伍	陆	柒	捌	玖	拾	零
百	千	万	亿							
佰	仟	万	亿							

那么这套系统是怎么来的呢？

原来，明代朱元璋统治时期，出了一件极大的贪腐案件。主犯叫郭恒增，官职是户部侍郎，相当于现在的财政部副部长，二品大员。任职期间贪污了大米2400 万石，这个数字相当于当时全国一年的秋粮总数。涉案人数众多，包括了各级官吏和地方上的土豪劣绅，他们巧取豪夺，手法多种多样，其中一个手法就是涂改金额。

朱元璋杀了这些贪官污吏之后，就下令完善并强制实施大写的数字系统。使用这套大写系统之后，数字很难被篡改。"壹"怎么改都成不了"贰"，也不可能变成"叁"，更不能一下子翻 10 倍，变成"拾"，因为这几个大写数字在结构、笔画上毫无相同之处。于是利用涂改数字进行贪腐的情况大大减少。

10. 从飞行员提出的问题谈起——进制种种

20 世纪 50 年代初，一位苏联飞行员应邀出席少先队联欢会。会上，他出了一道题目：一架飞机整整用了 1 小时 20 分钟才从甲地飞到乙地，可是返航时只用了 80 分钟就到了，请解释其中的原因。

少先队员们七嘴八舌地议论开了，有的说来回航线不一样；有的说去时逆风回来时顺风……众说纷纭。然而，飞行员叔叔却哈哈大笑，把大家的回答全部否定了。他说："你们都没有想到，1 小时 20 分钟就是 80 分钟，这里时间是六十进制的！"

这下，小朋友们恍然大悟。

苏联数学家别莱利曼认为这是一个提醒人们注意进位制的生动例子。他把它收录在自己的著作《活的数学》之中。

别莱利曼认为，考察一种记数方法得看三个方面：

第一，采用什么符号，现在基本上都采用阿拉伯数字。

第二，是不是用位值制，也就是一个符号表示多少，不仅仅取决于符号本身，还同时取决于它在记数符号中的位置。比如，符号 1 写在个位上表示 1，写在百位上却表示 100。采用位值制能用很少的几个符号表示任何数，是数学史上的一项重大成就。现在世界上基本都采用位值制。

第三，用什么数作为基数，也就是"逢几进一"，现在世界上主流是采用十进制。但是在历史上，经过了很长的时期，才基本实现统一。

最常用的基数是 10。据美国数学家易勒斯调查，在 307 种原始民族记数方法中，有 140 种是十进制的。古时候的人数东西时，总是一边用嘴念一、二、三……一边扳手指。当十个手指都扳到了，就在地上放一块小石头或其他什么东西来代表"十"，再一、二、三……地数；数满了，再放一块小石头……当积满十块小石头时，再换成一个别的什么东西代表一百。这就是"逢十进一"的来源。

另外有些人爱用一只手的五个指头来数数，就只能"逢五进一"了。"逢五进一"比"逢十进一"出现得更早，许多民族的记数方法中都留下了它的痕迹。比如我国的算盘，下档一颗珠代表 1，上档一颗珠代表 5，就是如此。

有些民族不但用两只手数，而且双脚的十趾也一起帮忙，于是他们就用"逢二十进一"了。在法国至今仍有采用二十进制的场合，他们称 220 人一队的宪兵是"11 个 20"，巴黎有个建于 700 年前的盲人医院，可容纳 300 个病人，这个医院叫"15·20 医院"。

2023 年 6 月的《环球科学》杂志发表了一篇文章，是关于北极的因纽特人的数字系统——卡克托维克数字。这套记数系统混合使用了五进制、十进制、十五进制、二十进制。原先他们没有"0"，直到现代，当一个女孩描述 0 这个符号时，会把双臂在头顶上交叉，像在表示什么都没有一样，于是设计了一个"0"的符号。

他们的数字都是用斜杠表示，"1，2，3，4"比较陡，"5"是比较平坦的，"6"到"9"是在"5"的基础上叠合上陡的若干条斜杠。同样的，"10"是两条平坦的斜杠，"11"到"14"则是在 10 的基础上叠合若干条陡的斜杠。

英国历代使用十二进制，1 英尺等于 12 英寸，1 打等于 12 只，12 打为 1 罗，等等。许多人认为十二进制比十进制优越，因为它能被 2，3，4，6 四个数整除，不像 10 只有 2，5 两个约数。瑞典国王查理十二世临终前还念念不忘在他统辖

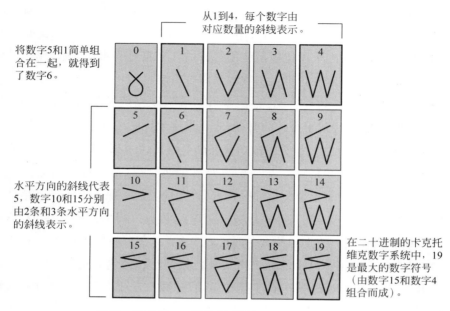

制图：阿曼达·蒙塔涅斯（Amanda Montañez）

的地区，把十进制改为十二进制，然而他未能如愿以偿。

其实英国的进制是很混乱的。如 1 英尺（foot）＝ 12 英寸，1 码（yard）＝ 3 英尺，1 英里（mile）＝ 1760 码；1 磅（pound）＝ 16 盎司，1 盎司（ounce）＝ 16 打兰；1 英镑等于 20 先令，1 先令＝ 12 便士，……

十二进制虽然有它的优点，但是古代民族未必会认识到这一点，那它的起源是怎样的呢？有人认为某些古代民族计数时不是以手指为单位，而是以手指关节为单位。一只手除大拇指外，有 4 个手指，各有 3 个关节，合计 12 个关节。利用这些关节数物品，当数满 12 时，就进到高一位的计数单位——大拇指。

在我国，曾经使用过十六进制，有句成语"半斤八两"，意思就是两者（半斤和八两）是一回事。它的好处是，可以减半（得 8），减半再减半（得 4），甚至减半减半再减半（得 2），减半减半减半再减半（得 1），也就是说，进行减半运算比较方便。为了统一，现在即使是中药铺也不再使用十六进制了。

但是事物发展有时很奇怪，君不见，早已淘汰的旗袍，现在又翻出来变成时尚。近年来随着计算机的飞速发展，科学家认为十六进制和类似的八进制，才是人类与机器最理想的"共同语言"。这一点早已经出现在大学的计算机教科书上了。

度量时间和角度的单位,采用六十进制,是古代巴比伦人留给我们的遗产,至少已有 4000 年历史了。六十进制有自己的优点,就是等分的时候比较方便,这是因为 60 有 2,3,4,5,6,10,12 等多个约数的缘故。

原始文化中也有过二进制,大洋洲的托雷斯峡群岛的部落里就只有两个数码。

11. 奇异账本——八进制简介

有一个虚构的故事:

话说唐僧师徒一行四人,不远千里往西天取经。一天在深山老林中走了半晌,竟发现一个桃红柳绿、与世隔绝的村庄。村口有几家店铺,敞着门,摆着物品,却没有一个伙计。其中有家馒头铺,蒸架上蒸着热气腾腾的白面大馒头。

一个樵夫模样的汉子自行取了 6 个馒头;又往一个盒子中扔了些铜板,随后取过账本,写上:$6 \times 2 = 14$。

八戒看了咧嘴笑着:"这厮好傻!"

樵夫一回身,猛地看见一个凸嘴的妖怪指着自己,吓得撒腿要跑。悟空心细,早把账目看了一遍,这时忙上前去说明来意,并把随身携带的细碎银子与樵夫换了三十二枚铜板扔进盒子,又在账本上写下:$16 \times 2 = 40$,然后拿了 16 个馒头,分递于师傅、师弟,继续赶路不提。

聪明的读者,你知道流行在这个村庄里的奇特算法吗? 按照这种算法,$3 \times 4 \times 7$ 等于多少?

在我们日常使用的十进制记数中,14 的表示是一个 10 加上一个 4。那个与世隔绝的村庄流行的显然不是十进制。我们不妨设它为 n 进制,那么 14 就等于 1 个 n,加上 1 个 4,应该是等于我们叫作 12 的那个数。由此,得

$$1 \times n + 4 = 12。$$

容易算出 $n = 8$。所以,他们采用的是八进位制,也就是"逢八进一"。在八进制中,$3 \times 4 \times 7 = 124$。

当然这只是一个虚构的故事，目前还未发现在古代民间有使用八进制的。八进制是随着电子计算机的出现，才与二进制先后应运而生的。

二进制只有两个数码，在电子计算机中容易表示。一个元件，比如灯泡，它有两种状态：亮和不亮。我们用亮表示 1，用不亮表示 0，一个灯泡就可表示 0、1 两个数，两个灯泡则可表示 0～3 四个数。

	不亮 不亮	0 0
	不亮 亮	0 1
	亮 不亮	1 0
	亮 亮	1 1

但是二进制数也有缺点，就是写起来很长，容易写错，不容易看出是什么数值。人脑毕竟不是机器，谁愿意把简简单单的 729 写成 1011011001 这长长的一串数字呢？为此，数学家和电子计算机设计者就运用了八进制数。

例如，八进制数 123，就表示为

$$1\times8^2+2\times8+3=83。$$

八进制与二进制之间的关系十分简单。

二进制	八进制	二进制	八进制
000	0	100	4
001	1	101	5
010	2	110	6
011	3	111	7

根据这张表就能很快地进行它们之间的互换。

二、并不简单的自然数

12. 找不完的质数

我们知道,正整数中有质数(也称素数),也有合数。所谓质数,是指它只有两个约数,一个是自己,另一个是 1,比如 7 是质数,它只有两个约数:7 和 1。而合数则是除自己和 1 之外还有别的约数,比如 12 是合数,它的约数有 1,2,3,4,6,12 六个。除质数和合数之外,数 1 是很特殊的一个数,它只有一个约数,就是它自己。所以,正整数可以分为三类:1、质数、合数。敲黑板了,请注意:千万不要说正整数分成两类:质数和合数,这样就漏了"1"。1 尽管只是"光杆司令",还得算一类。

在这三类数中,数学家对质数情有独钟,好多难题都和质数有关。

一共有多少个质数? 这是一个人们从开始研究质数时就产生的问题。从质数表上看,1~100 中有 25 个质数,100~200 中有 21 个质数,200~300 中有 16 个质数……变化的趋势是越来越少,那么最后会不会变为 0 呢?

从直觉看,质数似乎是无限多的。不过由于计算量很大,长期以来,人们没有办法从正面肯定它。古希腊学者欧几里得从反面证明了这个问题。

先看几个例子:

$2×3+1=7$,由质数 2,3 产生质数 7;

$2×3×5×7+1=211$,由质数 2,3,5,7 产生质数 211;

$2×3×5×7×11+1=2311$,由质数 2,3,5,7,11 产生质数 2311。

从上面几个式子,似乎可以得出这样一个结论:由几个质数可以构造出一个新的更大的质数,然后用得到的质数再产生新的质数。如果这个结论真的成立的话,这样的工作一直进行下去,就可以说明质数是没完没了的。

当心！我们只是试了几次,不能冒失地下这个结论。

$2\times3\times5\times7\times11\times13+1=30\,031$,而 $30\,031=59\times509$,所以由质数 $2,3,5,$ $7,11,13$ 产生的是合数不是质数。这犹如一桶冷水泼在我们的头上！其实尽管 $30\,031$ 不是质数,但它还是给了我们更深一步的启示——

用这种方式构成的数有两种可能：一种就是最初看到的,它本身是质数；另一种是合数,如 $2\times3\times5\times7\times11\times13+1$。这个合数被 $2,3,5,7,11,13$ 除都余 1,所以肯定没有 $2,3,5,7,11,13$ 那样的质因数。可见,一定有比 13 大的质因数,对 $2\times3\times5\times7\times11\times13+1$ 来说,这个质因数就是 59 或 509。欧几里得认为不管哪种情形,都说明存在着比 13 更大的质数。

欧几里得的论证是这样的,倘若存在着一个最大质数 p,那么,用不大于 p 的所有质数构成一个新数：

$$q=2\times3\times5\times7\times\cdots\times p+1。$$

有两种可能：

第一,q 本身是质数,q 当然大于 p。这与 p 是最大质数矛盾。

第二,q 是合数,由于 q 被 $2,3,\cdots,p$ 除,都余 1,于是 q 一定有一个比 p 大的质因数 k。这也与 p 是最大质数矛盾。

所以,不存在最大质数。

这个证明的方法,叫作反证法。

13. 无声的报告

无论人们花费多大的精力都不能找到所有的质数,于是产生了用式子来表示质数的强烈愿望。

法国著名数学家梅森(1588—1648)曾经研究过形状为 2^p-1 的数,发现 p 如果是合数,那么 2^p-1 肯定不是一个质数。例如 $p=9$ 时,

$$2^p-1=2^9-1$$
$$=(2^3)^3-1$$
$$=(2^3-1)[(2^3)^2+2^3\times1+1]$$

$$=7 \times 73$$
$$=511,$$

也就是说 $2^p-1=511$ 不是质数。于是他猜想当 p 是质数时,则 2^p-1 就是一个质数了。其实这个猜想是不正确的,如 $p=11$ 时,

$$2^{11}-1=2047$$
$$=23 \times 89$$

是合数。

但是他本人对 2^p-1 形式的数仍是很感兴趣的。他证明了当 $p=2,3,5,7,13,17,67,127,257$ 时,2^p-1 都是质数。由于梅森在这个问题上做出的贡献,大家把形状为 2^p-1 的数叫作梅森数。然而,他的研究还是有错误的。首先 $p=67$ 及 $p=257$ 时,2^p-1 不是质数;其次,当 $p=19,61,89,107$ 时 2^p-1 是质数,而他本人遗漏了。

值得一提的是当 $p=67$ 的情形。长期以来有人怀疑 $2^{67}-1$ 不是质数,但又说不出道理来。因为数字太大,当时没有电子计算机,实在很难检验。

直到 1903 年 10 月,美国数学家协会举行学术报告会,大会邀请哥伦比亚

大学教授科尔上台发言。科尔向来沉默寡言，沉默到什么程度，读者看下去就可以知道了。

只见他从容地走上讲台，一句话也不说，就用粉笔在黑板上运算起来。

他先算出 $2^{67}-1$ 的结果，然后再转过身来，还是一言不发地走到黑板的另一边，做了个直式乘法：193 707 721×761 836 257 287。听众在议论，这家伙在干什么啊？

他始终没有讲过一句话，就结束了这次"报告"，回到自己的座位上。过了一阵，大家发现，两边的计算结果完全一致，终于领会了他的"报告"含义，爆发出热烈的掌声。

为什么呢？因为这说明 $2^{67}-1$ 是一个合数，而不是质数，解决了 200 年来没有解决的问题。要知道，对上台作报告的教授报以掌声，这在数学家协会是第一次，也是仅有的一次，科尔的无声报告却赢得了崇高的荣誉。

14. 乌拉姆现象

有一次，美国数学教授乌拉姆参加一个科学报告会，但是他对报告会的内容不感兴趣。为了消磨时间，他随意地在一张纸上把自然数 1,2,3,…,100，按顺时针方向排成螺旋形，然后把其中的质数 2,3,5,7,11,… 逐个划出（图 14-1）。

当他漫不经心地做完这一切时，突然发现一个奇怪现象：所有的质数竟然整整齐齐地排成一条条直线。

难道是上天安排的？乌拉姆从漫不经心的状态中一下子兴奋起来了。他敏锐地感到，这可能是研究质数的一个重要线索。

超过 100 的整数是否仍然具有这么良好的质数分布呢？报告会结束后，乌拉姆立即利用电子计算机把 1 到 65 000 这些整数打印成螺旋形，并且划出其中所有的质数。结果表明，这些质数仍然排成了一条条的直线。这种质数分布的规律性，使数学家找到了质数不少有趣的性质。这种质数分布的规律后来被数学家称为"乌拉姆现象"。

乌拉姆现象在数学上有很重要的地位，经过很多数学家的努力，也取得了很多成果。

73	74	75	76	77	78	79	80	81	82
72	43	44	45	46	47	48	49	50	83
71	42	21	22	23	24	25	26	51	84
70	41	20	7	8	9	10	27	52	85
69	40	19	6	1	2	11	28	53	86
68	39	18	5	4	3	12	29	54	87
67	38	17	16	15	14	13	30	55	88
66	37	36	35	34	33	32	31	56	89
65	64	63	62	61	60	59	58	57	90
100	99	98	97	96	95	94	93	92	91

图　14-1

科学史上，机遇为科学技术的发现、发明提供线索，成为科学理论发展的先导的例子不胜枚举。但是只有具备丰富的科学知识，善于观察的有心人，才能捕捉住这稍纵即逝的机会，避免和成功失之交臂！

15. 从1001的分解谈起

阿拉伯古代民间故事集《天方夜谭》又名《一千零一夜》，这"1001"是一个很有趣的数。

如果有人问："1001是质数，还是合数？"你大概不会马上作出正确的回答，因为因数分解并不容易，更何况1001中没有常见因数2,3和5。

如果你抱着侥幸心理回答说，1001是质数，那么你就错了。因为1001虽不是2,3,5的倍数，但它恰恰是7,11,13的倍数，而且

$$1001=7\times11\times13。$$

利用1001的分解式，有人设计了一则魔术：

"请你心中想一个三位数。"魔术师说。

"想好了。"小明心中想的数是123。

"请你把它连写两遍，变成一个六位数。"魔术师又发出指令。

小明很听话，在心中默默地记着六位数123 123。

"将它除以 7。"

小明打开手机上的计算器，得到 17 589。

"再除以 11。"

得到 1599。

"再除以 13，结果是多少？和你心中想的数有什么关系？"

"咦，结果就是我想的数 123！"

这个魔术安排得十分巧妙，我们来分析一下它的奥秘所在。

首先是因为 123 这个数连写两遍，就是乘以 1001。

$$123\,123 = 123 \times 1001,$$

其次又因为刚刚说过的 $1001 = 7 \times 11 \times 13$，于是，

$$123\,123 \div 7 \div 11 \div 13$$
$$= 123 \times 1001 \div 7 \div 11 \div 13$$
$$= 123 \times (1001 \div 7 \div 11 \div 13)$$
$$= 123 \times 1,$$

于是得到 123。

1001 这样的数分解已经有点儿难度了。把一个大数因数分解更是一件很困难的事情，所以，特工人员设计了一种高级的密码系统，要破译这种密码，必须掌握把一个大数分解成质因数的积的本领。这种密码系统叫 RSA，是 1977 年由罗纳德·李维斯特（Ron Rivest）、阿迪·萨莫尔（Adi Shamir）和伦纳德·阿德曼（Leonard Adleman）一起提出的。RSA 就是用 3 位发明者姓名的首字母组成的。

这种密码看来是万无一失了，因为那时人们对分解一个 50 位的数还束手无策。

1984 年 2 月 13 日，美国《时代》周刊报道了惊人的消息：在一个星期之前，数学家们在 32 小时内分解了一个 69 位的大数，创造了世界纪录。

这件大工程开始于一个偶然的机会。1982 年秋天，桑迪亚国家实验室应用数学部主任辛摩斯与克雷计算机公司的一位工程师凑巧在一起，他们一边喝啤酒，一边聊天。辛摩斯抱怨说，因数分解工作全靠尝试，实在难以完成。那位工

程师马上说克雷计算机能同时抽样整串的数字,或许特别适合因数分解。于是,他们合作起来,编制了专门程序,在克雷计算机上接二连三成功地分解了58位、60位、63位和67位数。最后他们分解了一个69位数,从而解决了一个遗留了300年之久的难题。

1978年,RSA的发明人在《科学美国人》上公布了一个密文,涉及一个128位数,挑战说:悬赏100万美元,征求解密者,也就是谁能够将这个大数分解成质因数,谁就可以获得这100万美元的奖金。直到1995年4月26日,路透社才报道说,600多位计算机专家动用了1600多台计算机,持续工作8个月,才把这个128位数分解为两个质数。可见大数的质因数分解之难。

不久前,美国科学家宣布,240位的十进制整数分解成功(相当于795位的二进制数),找到了它的两个大质数因子。这是至今已经公布的最高纪录,此前的纪录是768位二进制整数。

整数分解是加密学的基石,一旦实现快速的整数分解,现代的公钥加密就会失效。目前主流的加密强度是2048位二进制数的密钥,所以RSA还是安全的。

不久的将来,科学家们一定会分解出更大的大数,到那时,RSA密码系统就岌岌可危了!

16. 杯子里的互质数

如果两个整数,除1以外没有其他共同的约数,那么就说这两个整数是互质的。比如3和5是互质的,这个容易理解。24和49是互质的,为什么呢?因为24的约数是1,2,3,4,6,8,12,24,而49的约数是1,7,49,他们之间除1以外没有相同的约数。

说起互质数,还有一个故事:

匈牙利当代著名数学家保罗·埃杜斯从国外讲学归来,途中他听人说起有一个叫路易·波沙的少年,聪明过人,能解很难的数学题。埃杜斯教授爱才心切,一下飞机就赶到波沙的家。

波沙的父母热情地接待了这位"不速之客"。

在吃晚饭的时候，埃杜斯"单刀直入"地给波沙出了一道题："从 1，2，3，4，…… 99，100 这些数中随意取出 51 个，其中至少有两个数是互质的。你能说一说它的道理吗？"教授把题目一字一句、清清楚楚地作了交代后，平静地喝了一口酒。

波沙的父母默默地望着自己的孩子，只见波沙手托着下巴，冷静地思考着，房间里寂静无声。

"行了！"突然，波沙叫了起来。父母相视一笑，老教授惊喜地放下了酒杯，房间里顿时活跃起来。

"我是这样想的。"还没有等教授发问，波沙就迫不及待地讲解起自己的思路。波沙迅速把父母手里的杯子和教授面前的杯子统统移到自己面前，弄得在场的人莫名其妙。波沙说：

"这里有几只杯子，就算有 50 只杯子吧！我把 1，2 这两个数放进第一只杯子里，把 3，4 这两个数放进第二只杯子里，把 5，6 这两个数放进第三只杯子里，……把 99，100 这两个数放进第 50 只杯子里。

"因为我要从中挑 51 个数，而一共只有 50 只杯子，所以至少有一只杯子里的两个数全被我挑出来了。而在同一只杯子里的两个数是连续的两个自然数，他们必定是互质的。"

埃杜斯教授不禁叫了起来："好！好！解答得好！"

波沙的母亲站起来，收拾了一下杯子，把它们放回到各人的面前。教授手拿着酒杯说：

"这个酒杯，别人只能用它喝酒，你却能用它来证题，真是一只'两用杯'啊！"

波沙不好意思地笑了。

"我还要问你一个问题，你刚才说，两个连续自然数必定是互质的，这是什么原因呢？"教授追问起来。

"如果两个连续自然数 a 和 b 不互质，那么它们一定有大于 1 的公约数 n。由于 n 是 a 的约数，又是 b 的约数，所以一定也是 $b-a$ 的约数。而因为 a 和 b 是连续的两个自然数，$b-a=1$，所以这是不可能的。"小波沙回答得头头是道。

埃杜斯教授再也无法抑制自己喜悦的心情，他站起来抚摸着小波沙的脑袋瓜，不住地称赞。

这时波沙才 12 岁。他在解这道题时,用了两个重要方法,前面用的是"抽屉原则",后面用的是反证法。

后来,波沙上了大学,成为一名"少年大学生",又获得了博士学位,终于成为出色的数学家。

17. 数字家族中的"双胞胎"

一对双胞胎兄弟,长得几乎一模一样,甚至神情和动作也一模一样,这使人难分哪个是哥哥,哪个是弟弟。双胞胎兄弟又叫孪生兄弟。无独有偶,在自然数这个大家庭中也有孪生质数。它们是一对对的质数,在每一对这样的质数中,一个仅比另外一个大 2。像这样的孪生质数有很多。在 1 到 100 之间共有 8 对,它们是:

$$3,5; \quad 5,7; \quad 11,13;$$
$$17,19; \quad 29,31; \quad 41,43;$$
$$59,61; \quad 71,73。$$

大家都知道,随着数字越来越大,质数也就越难找,而且它们之间相隔得越来越远。因此,要寻找孪生质数更是一件不容易的事情。在 1 到 1000 之间的孪生质数,除了上面说的 8 对外还有:

$$101,103; \quad 107,109; \quad 137,139;$$
$$149,151; \quad 179,181; \quad 191,193;$$
$$197,199; \quad 227,229; \quad 239,241;$$
$$269,271; \quad 281,283; \quad 311,313;$$
$$347,349; \quad 419,421; \quad 431,433;$$
$$461,463; \quad 521,523; \quad 569,571;$$
$$599,601; \quad 617,619; \quad 641,643;$$
$$659,661; \quad 809,811; \quad 821,823;$$
$$827,829; \quad 857,859; \quad 881,883。$$

当然，数字越大，这样的"双胞胎"就越来越少。即便如此，人们还是怀着极大的兴趣想把这些"双胞胎"一对一对地找出来，1976 年，两位数学爱好者威廉斯和察恩克找到了一对新的孪生质数：$76 \times 3^{169}-1,76 \times 3^{169}+1$。1978 年，有人发现了一对 303 位的孪生质数。1979 年，发现了 703 位的孪生质数，它们是 $1\ 159\ 142\ 985 \times 2^{2304}-1$ 及 $1\ 159\ 142\ 985 \times 2^{2304}+1$。目前发现的最大的孪生质数是一对长达 38 万位的质数，这个纪录是 2016 年创造的。

同质数有多少个一样，大家提出一个想法：孪生质数的个数也是有无限多个的。这就是有名的"孪生质数猜想"。要想证明这个猜想是正确的还是错误的，不知要比"证明质数是无限多个"的问题难多少倍，所以，直到现在还没有解决。我国数学家张益唐在这方面的成果是领先的。他的论文指出，存在无穷多个质数时，其中每对质数之差不超过 7000 万。张益唐是美籍华人，毕业于北大，由于某些原因，他刷过盘子，睡过地下室，他在极其艰苦的条件下，埋头钻研数学，终于取得不凡成就。

18. 寻找完全数

在数论中，人们不但讨论质数，同时也研究各种合数。有一种合数被称为完全数。比如 6 就是自然数中最小的完全数。6 共有 4 个约数：1，2，3，6。如果不算 6 本身，把其余的约数加在一起，正好有 $1+2+3=6$。这种除数本身外，所有约数的和恰好等于它本身的数，就叫作完全数或完美数。

在古代的欧洲,完全数被认为是吉利的数,有人把它们叫作"结婚数"。也有人牵强附会,说 6 为什么是完全数呢? 那是因为上帝用了 6 天创造了世界,这当然是无稽之谈。在我国,6 也被认为是吉利数字,比如六六大顺。中外都对 6 有好感,原因就是 6 有这种完美的性质。

除 6 以外还有哪些数是完全数呢?

28 是完全数,因为 28 有 5 个小于本身的约数:1,2,4,7,14,而它们的和:
$$1+2+4+7+14=28。$$

496 是完全数,它有 9 个小于本身的约数:1,2,4,8,16,31,62,124,248。这些约数的和:
$$1+2+4+8+16+31+62+124+248=496。$$

8128 是完全数,它有 13 个小于本身的约数:1,2,4,8,16,32,64,127,254,508,1016,2032,4064。它们的和:
$$1+2+4+8+16+32+64+127+254+508+1016+2032+4064=8128。$$

上面 4 个完全数,古希腊人早已知道。第五个完全数 33 550 336 是直到 1461 年才算出来的。它的发现者至今还不知道是谁。16 世纪又找到 3 个完全数:
$$8\,589\,869\,056,137\,438\,691\,328,2\,305\,843\,008\,139\,952\,128。$$

而第九个完全数

2 658 455 991 569 831 744 654 692 615 953 842 176,它的发现则是 19 世纪的杰作。

下面是完全数的一个公式:

$N=(2^{n-1})(2^n-1)$,如果 n 表示大于 1 的自然数,并且 2^n-1 是质数,那么 N 就是完全数。根据这个公式,我们可以列出下面这些完全数来:

n	N
2	6
3	28
5	496
7	8128
13	33 550 336

n	N
17	8 589 869 056
19	137 438 691 328
31	2 305 843 008 139 952 128
61	2 658 455 991 569 831 744 654 692 615 953 842 176

在这个公式中 2^n-1 就是梅森数。随着新的最大梅森质数的不断发现，最大完全数也就不断被发现了，目前发现的最大数是 $2^{136\,279\,840}\times(2^{136\,279\,841}-1)$。

完全数有两个特点：

第一个特点，它的约数，除 1 外的倒数之和为 1。例如 6 的大于 1 的约数是：2，3，6，则

$$\frac{1}{2}+\frac{1}{3}+\frac{1}{6}=1。$$

28 的大于 1 的约数是：2，4，7，14，28，则

$$\frac{1}{2}+\frac{1}{4}+\frac{1}{7}+\frac{1}{14}+\frac{1}{28}=1。$$

496 的大于 1 的约数是：2，4，8，16，31，62，124，248，496，则

$$\frac{1}{2}+\frac{1}{4}+\frac{1}{8}+\frac{1}{16}+\frac{1}{31}+\frac{1}{62}+\frac{1}{124}+\frac{1}{248}+\frac{1}{496}=1。$$

第二个特点，除 6 以外，每一个完全数都可以用几个数的立方和来表示。

$$28=1^3+3^3，$$

$$496=1^3+3^3+5^3+7^3，$$

$$8128=1^3+3^3+5^3+7^3+9^3+11^3+13^3+15^3，$$

……

由于它们有这些完美的特点，所以才被人们称为完全数。

19. 相亲相爱的数

220 和 284 是一对相亲相爱的数，因为它们之间"你中有我，我中有你"。不是吗？如果把 220 的约数(除去 220 本身)全部加起来：

$$1+2+4+5+10+11+20+22+44+55+110=284，$$

它们的和正好等于 284。同样,把 284 的约数(除去 284 本身)全部加起来:

$$1+2+4+71+142=220,$$

它们的和正好等于 220。

这样亲密无间的亲和数(也称相亲数)当然引起了许多数学家以及数学爱好者的注意和重视。9 世纪时阿拉伯数学家就已经对"亲和数"感兴趣,但过了 800 年之后,才由费马找到第二对亲和数:17 296 与 18 416。笛卡儿在给梅森的一封信中指出了第三对亲和数:9 363 584 与 9 437 056。著名数学家欧拉也研究过亲和数。到 1750 年,他一共公布了 60 对亲和数,使得人们大吃一惊。从此以后,人们不再去寻找亲和数,认为亲和数经过大数学家们的手已经找完了,对它的感情也渐渐淡薄了。

直到 1866 年,意大利年仅 16 岁的青年巴格尼爆出了"冷门",他发现 1184 和 1210 也是一对亲和数。它比 220 和 284 稍微大一些,却被欧拉等大数学家们遗漏。这对亲和数不算大,不知怎的,会从伟大数学家的眼皮下溜掉。真是"尺有所短,寸有所长"。由于数学家们一时疏忽被隐藏起来的这一对亲和数,最终还是被发现了。

不要迷信权威,这是我们从中应该得到的启示!

亲和数究竟有什么特征? 开始有人认为所有亲和数都是 2 或 3 的倍数,但是 1988 年发现的两个亲和数——42 262 694 537 514 864 075 544 955 198 125 和 42 405 817 271 188 606 697 466 971 841 875 证明了这个猜想是错误的。后来又有人认为亲和数都是 2,3 或 5 的倍数,但 1997 年又发现了反例,宣告了这个猜想的破灭。

目前已经找到了 12 000 000 多对亲和数。

20. 哥德巴赫猜想

自从我国数学家陈景润研究哥德巴赫猜想取得重要成果以来,人们对哥德巴赫以及"哥德巴赫猜想"开始有所了解。

哥德巴赫早年是普鲁士派往俄国的一位公使,1725 年开始成为彼得堡科学院院士。

在一次数学练习中,他遇到了如下 3 个式子:

$$77＝53＋17＋7,$$
$$461＝449＋7＋5,$$
$$461＝257＋199＋5。$$

他突然发现,这 3 个数都可表示为 3 个质数之和。于是他进一步做了试验,发现这好像不是一个偶然的现象。他想在理论上加以论证,却又证不出来,于是写信向大数学家欧拉求援。在给欧拉的信中,他正式提出了关于上述问题的一个猜想。

欧拉看了信以后,只感到它是正确的,但是无法加以论证。同时,欧拉又提出了一个与哥德巴赫表述方法等价的一个命题:

任何一个不少于 6 的偶数都是两个奇质数之和。

这个猜想被称为"哥德巴赫猜想",它的意义并不难懂,但要证明它却十分困难。1900 年,德国著名数学家希尔伯特在第二届国际数学家大会上提出了23 个数学难题,哥德巴赫猜想被列为第 8 题。

不少著名数学家都公开讲过它是一个很难的问题。例如,1921 年哈代在哥本哈根召开的数学会上说过,它的困难程度"可以和任何没有解决的数学问题相比"。我国有一位著名数学家也估计,这个问题在 20 世纪内难以解决。现在已经是 21 世纪的 20 年代了,它依然没有被攻克。

但是数学家们不畏艰难,迎着困难上。人们常常比喻道:数学是科学的皇后,数论是皇后头上的皇冠,而哥德巴赫猜想则是皇冠上的明珠。为了摘取这颗明珠,成千上万的数学家们冥思苦想、绞尽脑汁。

数学家皮平验证,它对不大于 10 万的偶数都是正确的。之后,申氏(Shen Mok Kong)又进一步验证了对不大于 3300 万的偶数都是正确的。要知道做这些核对工作要花费多少精力啊!

1930 年,苏联数学家史尼尔曼提出了研究哥德巴赫猜想的新方法,他证明任何充分大的偶数都可以表示为不超过 800 000 个质数之和。

后来,人们沿着他的思路不断改进他的结果。

1935 年,苏联数学家罗曼诺夫证明了其可以表示为不超过 2208 个质数之和;1936 年,德国的希尔克、朗道把它进一步改进为 71 个;1937 年意大利蕾西又改进为 67 个；1950 年美国的复彼罗、瓦尔加改进为 20 个；1956 年，我国的尹文霖证明了可表示为不超过 18 个质数之和。

正当上述这些数学家不断进取之时，又有另一批数学家试图从别的途径去摘取这颗明珠。

1920 年挪威数学家布朗创造了一种新的"筛法"，证明了任何一个充分大的偶数都可以表示为两个数的和，这两个数又分别可表示为不超过 9 个质因数的乘积，这个命题被后人简称为"9＋9"。

沿着布朗所开创的新路子，各国数学家又不断做出改进。1924 年，德国的拉特马赫证明了"7＋7"；1932 年英国的埃斯特曼证明了"6＋6"；1938 年苏联的布赫希塔布证明了"5＋5"，过了两年，又证明了"4＋4"；1956 年，我国青年数学家王元证明了"3＋4"，同年苏联数学家维诺格拉多夫证明了"3＋3"；1957 年，王元又证明了"2＋3"；1962 年，我国数学家潘承洞与苏联数学家巴尔巴恩各自独立证明了"1＋5"；1963 年，这两位数学家与王元又都证明了"1＋4"；1965 年，苏联的维诺格拉多夫、布赫希塔布，意大利的朋比利都证明了"1＋3"。可以看出，20 世纪的 50 年代至 60 年代，各国数学家在这个问题上竞相献技，硕果累累，但是问题越接近解决，难度越大。

1966 年，我国青年数学家陈景润在《科学通报》上宣布，他已证明了"1＋2"。但是不久，"文革"开始了，陈景润不顾身染重疾，在极其艰苦的条件下，改进了证法，于 1973 年发表了自己的论文。

他的论文一发表，就引起了全世界的重视。英国数学家哈伯斯坦和德国数学家黎希特合著了一本数论专著，当时已经付印，他们见到了陈景润的论文以后，特地补上一章，章名就叫"陈氏定理"。另一位英国数学家写信给陈景润，说："你移动了群山！"

作家徐迟不懂数学，但是他为陈景润的成绩和精神所感动，他边学习，边调查，写出了报告文学《哥德巴赫猜想》，发表在 1978 年《人民文学》，后来作为单行本出版。这本书几乎家喻户晓，成为鼓舞青年一代向陈景润学习并努力攀登科学高峰的号角。

王元、潘承洞、陈景润后来共同获得了国家最高科学技术奖。

我们期待着"1＋1"的证明，更希望摘下这颗"明珠"的是"龙的传人"！

三、数学杂技团

21. 柏拉图和9

　　无论是古代还是现在,无论是中国还是国外,都把 9 看成一个神秘的数。神话中把天说成有九重,天的最高处称为九重天;我国古代有冀州、兖州、青州、徐州、扬州、荆州、豫州、梁州、雍州等九个州,所以"九州"可作为中国的别称;外国人认为有九个诗神,猫有九条生命,等等。这些都和 9 有关。

　　下面讲的关于"9"的故事十分有趣。

　　从前,在雅典住着一个富裕人家,当家人是位算术能手,而且还是神的忠实信徒,所以他相信 9 有魔术般的特性。然而,他有一个让人十分厌烦的习惯,就是常常拉住别人长时间地争论自己喜欢的题目。一次,他去拜访当地著名的哲学家、数学家柏拉图,柏拉图清楚他的来意,于是就想出一个摆脱他的办法。柏拉图对他说:"喂! 好朋友! 现在给你 3 个 9,把它们拼成 $\frac{99}{9}$,使它等于 11 是一件容易的事,但是我要你把它们拼成一个最大数。当你下次把这个解答带来的时候,我将高兴地听你说完,并且为了让下一代都知道你的成就,我一定把你的话全部都记录下来。"

　　那个人听了柏拉图的话以后,就回家去考虑这个问题了。9 年过去了,他还是没有一点进展,人变得十分衰老,思维也变得模糊起来了。正巧,在 9 月 9 日这一天早上 9 点钟,他从家里走出来,一脚踏空从 9 级台阶上摔下来,顿时磕掉了 9 颗牙齿,被人救回去后,经过 9 分钟就死去了。

　　柏拉图的题看来是不太容易解的,你看,这位神的忠实信徒还为此丧了命。

我国数学家谷超豪院士小时候,数学教师给全班同学出了同样的题。当同学们还在纷纷猜测 $999,99^9,9^{99},(9^9)^9,9^{9^9}$ 哪一个最大时,谷超豪却坚决地说是 9^{9^9} 最大。

在 $999,99^9,9^{99},(9^9)^9,9^{9^9}$ 中,显然 999 是最小的一个,而
$$(9^9)^9=9^{9\times9}=9^{81},$$

所以
$$(9^9)^9<9^{99}。$$

又因为
$$99<9^3,$$

所以
$$99^9<(9^3)^9=9^{27},9^{27}<(9^9)^9。$$

这样就有
$$99^9<(9^9)^9<9^{99}。$$

因为,9^9 比 99 不知要大多少倍,所以 $9^{99}<9^{9^9}$,故 9^{9^9} 就是最大的一个数。把上述几个数从小到大写出来就是:
$$999<99^9<(9^9)^9<9^{99}<9^{9^9}。$$

通过计算,可以知道 9^{9^9} 大约相当于 $10^{370\,630\,700}$,你能想象出这个数有多大吗? 而在柏拉图时代根本没有这么大的数的概念,难怪那个雅典人为此白白送了性命!

下面我们来玩一个 4 个 9 的游戏。

用 4 个 9,中间添加运算符号和括号,使运算结果等于 $0,1,2,3,\cdots$ 先举 4 个例子:
$$0=9+9-9-9,$$
$$1=\frac{99}{99},$$
$$2=\frac{9}{9}+\frac{9}{9},$$
$$3=\frac{9+9+9}{9}。$$

你能列出其他的吗? 有资料说,一直可以列到 100。

再看一个"9个空格9个数字"的游戏。

下面的两位数乘一位数的竖式乘法,所有的数都不知道,没有一点儿提示,简直是"无字天书"。空格里填1～9,一共9个空格,不能重复。你能填出来吗?好难噢!

$$\begin{array}{r} \square\square \\ \times\quad\square \\ \hline \square\square \\ +\ \square\square \\ \hline \square\square \end{array}$$

本题确实很难,我把答案告诉你吧:

$$\begin{array}{r} 1\ 7 \\ \times\quad 4 \\ \hline 6\ 8 \\ +\ 2\ 5 \\ \hline 9\ 3 \end{array}$$

22. "百"花图

"江南四大才子"中的唐伯虎擅长画画,而祝枝山写得一手好字。有一次过年,有人请祝枝山写一张条幅。主人一看,上面写着:

"今年正好晦气全无财帛进门"

主人不看则已，看了一读"今年正好晦气，全无财帛进门"，差一点气昏过去，连声大骂祝枝山是个"大混蛋"。祝枝山不慌不忙，笑嘻嘻地说："你听我念，'今年正好，晦气全无，财帛进门。'这是多么好的口彩！"主人听他这么一念，才转怒为喜，低头向祝枝山表示歉意并致谢。

从这里可以看出，古人的断句，实际上体现了标点符号的作用。在数学中的运算符号，也能发挥类似标点符号的作用。

在一串数字 1,2,3,4,5,6,7,8,9 或 9,8,7,6,5,4,3,2,1 中间插入一些运算符号（而不是标点符号），使其代数和等于100。

有一次，我到一所普通初级中学为学生作报告。我问大家："学数学苦不苦？"大家齐声呼喊："苦。"我说："今天我让大家开心一下。"我就出了这个凑100 的题。我说："哪位同学先做出来，我就请他公布在黑板上，如果经过大家检验正确，我们就用这位同学的名字命名为'某某某定理'。"大家积极性可高啦，不一会儿就得到了 10 多个答案。其实我自己当时只知道 4 个答案。

这个题目的答案很多：

$$123-45-67+89=100,$$
$$123+4-5+67-89=100,$$
$$123+45-67+8-9=100,$$
$$123-4-5-6-7+8-9=100,$$
$$12-3-4+5-6+7+89=100,$$
$$12+3+4+5-6-7+89=100,$$
$$12+3-4+5+67+8+9=100,$$
$$1+23-4+5+6+78-9=100,$$
$$1+23-4+56+7+8+9=100,$$
$$1+2+34-5+67-8+9=100,$$
$$1+2+3-4+5+6+78+9=100,$$
$$1+2+3+4+5+6+7+8\times9=100,$$
$$1-2+3\times4\times5+6\times7+8-9=100,$$
$$1\times(2+3)\times4\times5-6+7+8-9=100,$$

$$(12+3\times45\times6+78)\div9=100,$$
$$98-76+54+3+21=100,$$
$$9-8+76+54-32+1=100,$$
$$98-7-6-5-4+3+21=100,$$
$$9-8+7+65-4+32-1=100,$$
$$9-8+76-5+4+3+21=100,$$
$$98-7+6+5-4+3-2+1=100,$$
$$98+7-6+5-4+3-2-1=100,$$
$$98+7+6-5-4-3+2-1=100,$$
$$98+7-6+5-4-3+2+1=100,$$
$$98-7+6+5-4+3-2+1=100,$$
$$98+7-6-5+4+3-2+1=100,$$
$$98-7-6+5+4+3+2+1=100,$$
$$9+8+76+5+4-3+2-1=100,$$
$$9+8+76+5-4+3+2+1=100,$$
$$98-7+6-5+4+3+2-1=100。$$

这么多啊！这真是花团锦簇的"百"花园啊！

23. 数字链

上一节里我们用运算符号把数字 1，2，3，…，9 连接起来，组成 100。我们把这种数字游戏叫作"数字链游戏"。这里再来看一些数字链游戏。你能用 5 个"3"构成数字 0，1，2，3，…，9 吗？答案是：

$$3\times3-3-3-3=0,$$
$$(3+3)\div3-3\div3=1,$$
$$3\times3\div3-3\div3=2,$$
$$3\times3\div3+3-3=3,$$
$$(3+3+3+3)\div3=4,$$

$$3 \div 3 + 3 \div 3 + 3 = 5,$$
$$3 \times 3 + 3 - 3 - 3 = 6,$$
$$3 \times 3 - (3 + 3) \div 3 = 7,$$
$$3 + 3 + 3 - 3 \div 3 = 8,$$
$$3 \times 3 \div 3 + 3 + 3 = 9,$$
$$3 + 3 + 3 + 3 \div 3 = 10。$$

这是运算符号和括号携手合作的结果，是一次数学美的享受。换成 5 个"5"，又怎样呢？

$$(5 - 5) \times (5 + 5 + 5) = 0,$$
$$(5 + 5) \div 5 - 5 \div 5 = 1,$$
$$(5 + 5 + 5 - 5) \div 5 = 2,$$
$$(5 + 5 \times 5) \div (5 + 5) = 3,$$
$$(5 + 5 + 5 + 5) \div 5 = 4,$$
$$(5 \times 5 \times 5) \div 5 \div 5 = 5,$$
$$5 + (5 + 5) \div (5 + 5) = 6,$$
$$(5 \times 5 + 5 + 5) \div 5 = 7,$$
$$5 + 5 - (5 + 5) \div 5 = 8,$$
$$(5 \times 5 - 5) \div 5 + 5 = 9,$$
$$5 \times 5 - 5 - 5 - 5 = 10。$$

再看一个例子，你能够分别用 4～10 个 9 来构成 100 吗？

$$99 + \frac{9}{9} = 100 \quad （4 个"9"），$$

$$99 + \left(\frac{9}{9}\right)^9 = 100 \quad （5 个"9"），$$

$$9 \times 9 + 9 + 9 + \frac{9}{9} = 100 \quad （6 个"9"），$$

$$\frac{999}{9} - \frac{99}{9} = 100 \quad （7 个"9"），$$

$$99 + \frac{9}{9} + \frac{9}{9} - \frac{9}{9} = 100 \quad (8 \text{ 个 "9"}),$$

$$9 \times 9 + 9 + 9 + \frac{9+9}{9} - \frac{9}{9} = 100 \quad (9 \text{ 个 "9"}),$$

$$99 + \frac{99}{9} + \frac{9}{9} - \frac{99}{9} = 100 \quad (10 \text{ 个 "9"})。$$

最后,你能用 $1,2,3,\cdots,9$ 构成数字 1 吗?

这些题目的答案都不是唯一的,有兴趣的青少年朋友不妨试试看,能不能多找出一些答案。我相信你是有潜力的孩子!

24. 数字旋涡

有一个有趣的游戏:

先给出一个整数,比如说 1986。

首先一位同学将 1986 这个数的每一位数字都平方,然后相加,得到一个答案就是:

$$1^2 + 9^2 + 8^2 + 6^2 = 1 + 81 + 64 + 36 = 182。$$

这样就把原来的 1986 变成了 182,接下去一位同学继续做:

$$1^2 + 8^2 + 2^2 = 1 + 64 + 4 = 69。$$

再传给下一位同学做:

$$6^2 + 9^2 = 36 + 81 = 117。$$

按照这种方法不断地做下去,就可以得到一串长长的数字。大家很快就会发现,做来做去这串数字像"接龙"游戏那样,最后接了起来:

我们在"数学海洋"中遇到的这种"数字旋涡",是偶然现象吗?那么,请你

再算一个：把 7777 每一位数字都平方，然后相加得 196，依次类推，可得

$$7777 \longrightarrow 196 \longrightarrow 118 \longrightarrow 66 \longrightarrow 72 \longrightarrow 53 \longrightarrow 34$$

$$4 \longrightarrow 16 \longrightarrow 37 \longrightarrow 58 \qquad 25$$

$$20 \longleftarrow 42 \longleftarrow 145 \longleftarrow 89 \longleftarrow 85 \longleftarrow 29$$

算到最后又出现了数字旋涡。

你试试！

有没有例外？有，但仅有很少一些数字属于例外，如

$$1112 \rightarrow 7 \rightarrow 49 \rightarrow 97 \rightarrow 130 \rightarrow 10 \rightarrow 1 \rightarrow 1$$

这个可怕的"旋涡"，虽然看起来仅仅是游戏，殊不知它在控制论的理论和实践中都有重大意义。

25. 数字磁铁

大家都知道磁铁，一根针掉在地上了，找它很不容易，如果用一块磁铁在地面上缓缓移动，那么当磁铁靠近这根针时，针就会被强大的磁力吸过去，从而轻而易举地找到它。

在数学里，1089 这个数就有点像磁铁。这话怎么说呢？请你任意想一个三位数，要求各位数码不同，且末尾不是 0，比如 514。然后，将它各位数字颠倒一下，得到 415，两者相减，得到差为：

$$\begin{array}{r} 514 \\ -415 \\ \hline 099 \end{array}$$

再把差 099 各位数字颠倒过来，得 990。将 099 与 990 相加：

$$\begin{array}{r} 099 \\ +990 \\ \hline 1089 \end{array}$$

就得到了 1089。514 这个数终于被吸到 1089 这块"磁铁"上来了。

换一个数，比如 723 吧！

$$\begin{array}{r} 723 \\ -327 \\ \hline 396 \end{array} \qquad \begin{array}{r} 396 \\ +693 \\ \hline 1089 \end{array}$$

还是 1089！

还有没有别的这样的数呢？有。

6174 就是另一个带磁性的神奇数。信不信？请你任意想一个四位数,比如 7380,将数字 7,3,8,0 从大到小组成一个新数 8730,再按从小到大排成另一个新数 0378,然后求它们的差：

$$\begin{array}{r} 8730 \\ -0378 \\ \hline 8352 \end{array}$$

对 8352 重复进行上述步骤,得

$$\begin{array}{r} 8532 \\ -2358 \\ \hline 6174 \end{array}$$

对 6174 重复进行上述步骤,仍得 6174：

$$\begin{array}{r} 7641 \\ -1467 \\ \hline 6174 \end{array}$$

此后再也不变了。

假如你换一个数,比如 3654。只要把上述步骤重复几次,马上这个数又会被具有魔力的"磁铁"6174 吸引过去。

$$\begin{array}{r} 6543 \\ -3456 \\ \hline 3087 \end{array} \qquad \begin{array}{r} 8730 \\ -0378 \\ \hline 8352 \end{array} \qquad \begin{array}{r} 8532 \\ -2358 \\ \hline 6174 \end{array}$$

你信服了吧！不信你可以再试试。不过要告诉你,如果你挑一些特殊的四位数：1111,2222,3333,…,9999,那么这块"磁铁"就不起作用了。

26. 数字团体操

在重大庆祝活动的时候,我们往往会看到大型团体操表演。参加表演的运动员,按照规定的动作,一会儿组成方形图案,一会儿又变成圆形图案,真是变化神奇。

你知道吗？用数字也可以组成各种各样整齐壮观的队形。

第一个例子：

$$1^2 = 1$$
$$11^2 = 121$$
$$111^2 = 12\ 321$$
$$1111^2 = 1\ 234\ 321$$
$$11\ 111^2 = 123\ 454\ 321$$
$$111\ 111^2 = 12\ 345\ 654\ 321$$
$$1\ 111\ 111^2 = 1\ 234\ 567\ 654\ 321$$
$$11\ 111\ 111^2 = 123\ 456\ 787\ 654\ 321$$
$$111\ 111\ 111^2 = 12\ 345\ 678\ 987\ 654\ 321$$

第二个例子：

$$9 \times 1 + 2 = 11$$
$$9 \times 12 + 3 = 111$$
$$9 \times 123 + 4 = 1111$$
$$9 \times 1234 + 5 = 11\ 111$$
$$9 \times 12\ 345 + 6 = 111\ 111$$
$$9 \times 123\ 456 + 7 = 1\ 111\ 111$$
$$9 \times 1\ 234\ 567 + 8 = 11\ 111\ 111$$
$$9 \times 12\ 345\ 678 + 9 = 111\ 111\ 111$$

第三个例子：

$$142\ 857 \times 1 = 142\ 857$$
$$142\ 857 \times 2 = 285\ 714$$
$$142\ 857 \times 3 = 428\ 571$$
$$142\ 857 \times 4 = 571\ 428$$
$$142\ 857 \times 5 = 714\ 285$$
$$142\ 857 \times 6 = 857\ 142$$

结果始终是 1, 4, 2, 8, 5, 7 六个数字在兜圈子。明眼人知道，$\frac{1}{7}$ 化为小数时就是 $0.\dot{1}4285\dot{7}$，这个 142 857 竟有如此奇妙的特性！

第四个例子：

$$1 = 1^3$$
$$3+5 = 2^3$$
$$7+9+11 = 3^3$$
$$13+15+17+19 = 4^3$$
$$21+23+25+27+29 = 5^3$$
$$31+33+35+37+39+41 = 6^3$$

......

同学们到了高中，就可以用数列知识来揭示这个例子的奥妙所在啦。

27．横看成岭侧成峰

两数和的平方公式告诉我们：
$$(a+b)^2 = a^2+2ab+b^2。$$
两数和的立方公式是：
$$(a+b)^3 = a^3+3a^2b+3ab^2+b^3。$$
进一步推算下去，可知
$$(a+b)^4 = a^4+4a^3b+6a^2b^2+4ab^3+b^4，$$
$$(a+b)^5 = a^5+5a^4b+10a^3b^2+10a^2b^3+5ab^4+b^5，$$
$$(a+b)^6 = a^6+6a^5b+15a^4b^2+20a^3b^3+15a^2b^4+6ab^5+b^6，$$

......

略加观察，可看出指数变化的规律是：字母 a 按自然数顺序降幂排列，而字母 b 则按自然数顺序升幂排列。那么各项的系数有什么规律呢？

我国古代数学家发现，如果在这些公式前再补充
$$(a+b)^0 = 1，$$
和
$$(a+b)^1 = a+b，$$
则它们的系数可以排成一个三角形。

只要认真观察就可以看出：

这张表中的每一个数，都可以由它"肩"上的两个数相加得到。

利用这张表，我们很容易把$(a+b)^n$展开成多项式。

$$
\begin{array}{ccccccccccccc}
&&&&&&1&&&&&&\\
&&&&&1&&1&&&&&\\
&&&&1&&2&&1&&&&\\
&&&1&&3&&3&&1&&&\\
&&1&&4&&6&&4&&1&&\\
&1&&5&&10&&10&&5&&1&\\
1&&6&&15&&20&&15&&6&&1
\end{array}
$$
....

在我国这张表被称为"杨辉三角形"，因为这位宋朝的数学家杨辉在他写的一本书中，记述了这张表的构造。其实，据杨辉记载，在他之前很早另一位数学家贾宪已经采用过这张表了。

杨辉

在国外，它被叫作"帕斯卡三角形"，而帕斯卡发现这个系数三角形的时间，比我国晚了 300 多年。

杨辉三角形有不少有趣的特点。

如果将各横行的数分别加起来,那么,从第一行起,依次得到的和是 1,2,4,8,16,32…即是 $2^0,2^1,2^2,\cdots,2^n$……

另外,如果将横行的各数字"拼"起来,拼成一个多位数。例如,第一行就是"1";第二行就拼成了二位数"11";第三行是"121";第四行是"1331";第五行是"14 641"。它们分别是 11^0、11^1、11^2、11^3、11^4。从第五行开始,这个特性不再被保持。

```
        1
      1   1
     1  2  1
    1  3  3  1
   1  4  6  4    1
  1  5 10 10   5  1
 1  6 15 20  15 6  1
1  7 21 35  35 21 7  1
1  8 28 56  70 56 28 8  1
```

我们换个角度,竖着看杨辉三角。

第一列,都是 1;第二列是 1,2,3,…即自然数列;第三列,正巧是"三角形数"。这是古希腊学者毕达哥拉斯的提法,为什么这样称呼它们呢? 只要看下列图形便可知道。

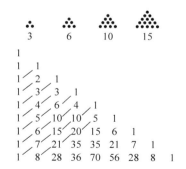

再斜着看杨辉三角,将上图中各斜向的数相加,则分别得到和为 1,1,2,3,5,8,13,21…这是什么数列? 这就是大名鼎鼎的斐波那契数列。

横看、竖看、斜看,姿态各异,妙趣横生。真是"横看成岭侧成峰"!

28. 不怕撕裂的数

3025 是一个怪数,把它拆为两半得到两个两位数 30,25。

再把它们相加,得:

$$30+25=55。$$

最后 55 的平方,就得到原数 3025。

具有这种特性的数还有吗? 这是出现在 1978 年日本群马大学理科入学试卷上的一道题。这题并不太难,用一元二次方程的求根公式就能求解:

设四位数的前两位构成的两位数为 x,后两位构成的两位数是 y,则这个四位数为:

$$100x+y。$$

根据题意:

$$(x+y)^2=100x+y,$$

即 $x^2+2(y-50)x+y^2-y=0$。

把 y 看作已知数,解得

$$x=50-y\pm\sqrt{2500-99y}。$$

其中 $2500-99y$ 是一个非负数,所以

$$2500-99y\geqslant0,$$

即 $y\leqslant25$。

根据题意 $2500-99y$ 必须是完全平方数,y 又是不大于 25 的自然数,因而只要用 $y=1,2,\cdots,25$ 去试即可。

尝试结果,$y=1$ 和 $y=25$ 符合要求。再进一步求出 x:

当 $y=1$ 时,

$$x=50-1\pm\sqrt{2500-99\times1},$$

得 $x_1=0,x_2=98$。

当 $y=25$ 时,

$$x = 50 - 25 \pm \sqrt{2500 - 99 \times 25},$$

得 $x_3 = 20, x_4 = 30$。

所以这样的数有 4 个：

$$3025, 2025, 9801, 0001。$$

考虑到 0001 不算四位数，所以，符合要求的四位数只有 3 个。

如果是六位数，那么可以算出"不怕撕裂"的六位数只有 2 个，它们是：

$$494\,209, 998\,001。$$

29. 数尾巴的功能

动物有各种各样的尾巴，尾巴对它们的生活是必不可少的。

也许你还不知道，数也有尾巴。下面这道题就要利用数尾巴的某种功能。

有一所学校召开文娱联欢会，会上，师生们纷纷表演节目。

"请王老师来一个！"突然一个学生叫了起来，一阵热烈的掌声把王老师推上了台。

"同学们，我一不会唱，二不会跳，要我上台表演，这真叫作赶鸭子上架啦！如果一定要我表演，那我可要考考你们啦！"

"考就考，没关系！"王老师这个想法得到了在场师生们的赞同。

王老师接着说："1976 年 10 月，是我国历史上的一个转折点。我就用 1976 和 10 这两个数，来编一道题——1976^{10} 的最后两位数是什么？"

"这题可太难了！"同学们叫嚷起来。这道题对青少年来说，可真是一道不容易解的题目！

少年朋友，你知道吗？

告诉你，答案是 76。道理并不太深奥，因为任意多个以 76 结尾的数相乘，它们的积的末两位仍是 76，比如 $176 \times 276 = 48\,576, 776 \times 976 = 757\,376$。

76 是一条"变不掉的数尾巴"！想一想，为什么？

先研究一位数的数尾巴，那么有 1、5、6、0 四个，比如 $21 \times 31 = 651, 35 \times 45 = 1575$。这很容易想通，因为乘法口诀里，一一得一，五五二十五，六六三十六！当两个数的个位数字都是 1 时，乘积的个位数字当然还是 1。那么当两个

49

数的个位数字是 5、6、0 时也是如此。

再研究两位数的数尾巴，除 76 以外还有 25，比如 125×325＝40 625，两个乘数的后两位是 25，结果乘积的后两位数也是 25。所以，25 是两位数的数尾巴。

三位数的数尾巴，有 625 和 376 两个。现在已经有人找到了一个 500 位的"变不掉的数尾巴"。

30．前呼后拥的数式

小明计算时常常丢三落四，一次他把"4×3243"中的"×"自说自话向右移动三位，变成"4324×3"，孙老师立马给他一个红叉。

小明自责道，又犯了粗心的毛病了。

但是当他进一步往下算的时候，奇迹发生了，"4×3243"和"4324×3"结果是一样的，都等于 12 972。于是他就喊：

"孙老师，都等于 12 972，它们是一样的哎！"

孙老师凑过来看，开始不信，认为一定是这家伙算错了，但是，结果证明小明没有算错。他抓抓头，觉得奇怪。

其实，一个算式中数字位置不动，改变运算符号位置，一般来说算式的结果就会不一样。但也有例外，如上面的

$$4×3243＝4324×3。$$

还有，

$$8×6486＝8648×6。$$

这两个等式你可以检验一下。

这样的数式，乘法符号从前面跑到了后面，数字位置不变，但等号成立。这种数式也叫"前呼后拥"数式。

前呼后拥数式不多，还有一个例子：

$$8×767 123 287＝876 712 328×7。$$

虽然乘数高达 9 位数，移动乘号后结果依然相等。你也可以检验一下。

你还能找到类似的算式吗？

31．**孤独的** 7

用推理的方法寻找算式中失去的数字是一种流行很广的趣味数学问题。日本人给这种题目起了个十分形象的名字，叫虫食算。

举个简单的例子说吧：一张列着乘式的纸条上，有些数据被虫子咬去了：

$$
\begin{array}{r}
* \ 1 \ * \\
\times \ 3 \ * \ 2 \\
\hline
* \ 3 \ * \\
3 \ * \ 2 \ * \\
* \ 2 \ * \ 5 \\
\hline
1 \ * \ 8 \ * \ 30
\end{array}
$$

现在想通过推理，确定被虫咬去的各位数字。

可以这样推理：

（1）因为积的个位是 0，所以第三行个位也是 0，第一行被乘数的个位是 5（不可能是 0，否则与第五行中的末位 5 矛盾）。

（2）第五行的最高位数字是 1。因为积的最高位数字是 1，并且第六行第二位数字不超过 6，不进位。

（3）第一行被乘数的百位是 4。若大于 4，则第五行前两位值大于 12；若小于 4，则与 3 的乘积不超过 9（3×3＝9，1×3＝3，无进位的可能）。

（4）至此，容易推算出其余几个缺损的数字。原乘式是：

$$
\begin{array}{r}
415 \\
\times \ \ 382 \\
\hline
830 \\
3320 \\
1245 \\
\hline
158530
\end{array}
$$

据说，有一位名叫布朗的百万富翁病逝前曾立下一张遗嘱，吩咐把他的全部财产平均分给各位亲戚。遗嘱中除亲戚的名单外，还列出了一个长长的除式，说的是每个人应得的数额。不幸，这张遗嘱被一场大火烧得面目全非。除式中除了一个"7"可以辨认，其余只能模模糊糊地看出式中每个标以 * 的位置上曾经有过数。大侦探梅森利用上面这种虫食算的推理方法，填上了缺少的数字。

```
               * 7 * * *
* * * ⌐* * * * * * * *
        * * * *
          * * *
          * * *
          * * * *
            * * *
              * * * *
              * * * *
                    0
```

答案是：12 128 316÷124＝97 809。

　　这就是著名的虫食算题"孤独的 7"。后来有人陆续编出了"孤独的 8""孤独的 9"等虫食算题。更有厉害的,竟然有人编出了"无字天书",不是"孤独"的问题,而是一片空白。下面就是一个九位数除以三位数的直式除法。这个被除数、除数、商,以及中间过程中出现的数字一概不知。

```
           × × × × × ×
× × ⌐× × × × × × × ×
      × × ×
        × × × ×
        × × × ×
          × × ×
          × × ×
            × × × ×
            × × × ×
                  0
```

　　这个题当然是十分难的,我们给出答案：

```
            3 0 0 3 2 4
3 3 3 ⌐1 0 0 0 0 7 8 9 2
      9 9 9
      1 0 7 8
        9 9 9
          7 9 9
          6 6 6
          1 3 3 2
          1 3 3 2
                0
```

32. 用总统大名编成的算题

　　在西方也有用字母来代替数字,然后编制算题的。最有趣的是马丁·加德纳编的下面一道题。

美国的马丁·加德纳是个传奇人物,被誉为数学魔术师。在第二次世界大战时期,他担任随军记者,写了许多讽刺盖世太保的报道。他曾开玩笑似地用美国总统林登·B.约翰逊(Lyndon B. Johnson)的尊姓大名,编了一道题:

$$\begin{array}{r} \text{LYNDON(林登)} \\ \times \qquad \text{B} \\ \hline \text{JOHNSON(约翰逊)} \end{array}$$

其中每一个英文字母分别代表不同的数字。它的唯一答案是

$$570\,140 \times 6 = 3\,420\,840。$$

还有一则更有趣的英文姓名算题:一位美国女青年名叫诺拉·丽尔·爱农(Nora Lil Aron),注意一下,如果把她的芳名从右读到左,也是一样的。这已经是一件奇事了,然而她的一位朋友用她的姓名编了一道更为有趣的算题:

$$\begin{array}{r} \text{NORA} \\ \times \quad \text{L} \\ \hline \text{ARON} \end{array}$$

其中每一字母都代表一个阿拉伯数码。它的答案也是唯一的:

$$2178 \times 4 = 8712。$$

1981 年的新年,有人利用当年的年份数 1,9,8,1 所对应的英语单词 ONE、NINE、EIGHT、ONE 设计一道算题:

$$\sqrt{\text{ONE}} \times \text{NINE} = \text{EIGHT} + \text{ONE},$$

把它译成阿拉伯数字:

$$\sqrt{1} \times 9 = 8 + 1,$$

竟然也是正确的,可以想象题目的设计者花了多少心血,才编出这样留下了时代印记的等式啊。这个式中 O、N、E、I、G、H、T 分别代表了一个数字,如果你有兴趣的话,可以试解一下。

在日本有人利用中国古诗,编制了一些算题,他们称之为"复面算"。比如:

$$日 + 出 = 而 \times 作,$$

$$日 - 入 = 而 \div 息,$$

$$日出 + 而作 = 日入 + 而息。$$

其中每个汉字都代表一个数字。它的答案是:

$$5 + 4 = 9 \times 1,$$

$$5 - 2 = 9 \div 3,$$

$$54 + 91 = 52 + 93。$$

33. 名画中的难题

俄国著名的科学家和教育家拉金斯基放弃优厚报酬的教授职位，到农村去当一名乡村教师。他桃李满天下，他的教育活动得到人们的赞扬。俄国画家波格达格夫·别列斯基画了一幅与众不同的油画来纪念他，画上有一道并不简单的算题：

$$\frac{10^2+11^2+12^2+13^2+14^2}{365}=?$$

数学根底很深的人可能很快知道答案是 2。你可能会感到很惊奇，佩服他的计算本领。实际上他是掌握了这些数的特性，才能如此迅速地获得结果。

这些数有什么特性呢？

我们先作一般的计算：

$$10^2+11^2+12^2=100+121+144=365,$$

$$13^2+14^2=169+196=365。$$

噢！原来 $10^2+11^2+12^2$ 和 13^2+14^2 都等于 365，这个特性颇不容易掌握！

这幅画名叫《难题》，如果你看了这幅画，并且知道它的时代背景，那么你首先会赞美画家的艺术水平，其次会对拉金斯基献身教育的精神表示钦佩，最后一定会记住这个数学知识。

从这道题出发我们还可以找到更多这样的数——几个连续自然数的平方和。例如：

$$21^2+22^2+23^2+24^2=25^2+26^2+27^2,$$

$$55^2+56^2+57^2+58^2+59^2+60^2=61^2+62^2+63^2+64^2+65^2,$$

······

如果现在再出一道题：

$$\frac{3^3+4^3+5^3+6^3}{216}=?$$

你能很快地算出它吗？

四、分数线上的故事

34. "天书"上的单位分数和荷鲁斯之眼

在没有纸的年代，人们把字写在什么地方呢？我国的古人"写"在甲骨、竹简上，巴比伦"写"在泥板上，西方有些民族"写"在羊皮上，古埃及人则"写"在纸草上。这种纸草是尼罗河里的像芦苇一样的水生植物，人们把它的茎逐层撕成薄片便制成了"纸"。

古埃及人创造了高度的文明，建造的金字塔令人惊叹不已。但古埃及人怎样创造了文明，文化究竟发达到怎样的程度，由于古人留下的材料并不多，对近代人来说还有不少谜！

苏格兰一位研究埃及历史的学者亨利·兰德，1858 年购得一份从埃及古都底比斯废墟中发现的纸草书，长约 550cm，宽约 33cm，上面密密麻麻地"画"满歪歪扭扭的符号。原来这是一本用埃及象形文字写成的书，它至今还珍藏在伦敦大英博物馆内。

开始人们看不懂这本"天书"，直到 1877 年，德国考古学家艾塞洛尔费尽心思才把它破译出来。原来，这本书写于公元前 1650 年前后，是一个埃及僧人阿默斯记下的一部数学著作。艾塞洛尔的成果震惊了当时西方文化界，因为他破译的是 3500 多年前古人写的、世界上最古老的一本数学书。这本书后来就被称为《阿默斯纸草书》或《兰德纸草书》。

这本书里有很多内容，其中以分数的计算最为别致。

古埃及人不懂 $\frac{3}{5}$，$\frac{5}{6}$ 这样的分数，而只知道 $\frac{1}{7}$，$\frac{1}{6}$ 这类"分子为1"的单位分

数（被称为埃及分数）。比如，我们现在说的 $\dfrac{3}{5}$，他们记为

$$\frac{1}{3}+\frac{1}{5}+\frac{1}{15}。$$

也就是说，他们把分数都表示成单位分数之和的形式，而且这些单位分数的分母全不相同。简单问题复杂化，这实在令人费解！

他们在进行分数计算时，用到一张十分复杂的表，那是用来把 $\dfrac{2}{n}$ 表示成单位分数之和的：

$$\frac{2}{5}=\frac{1}{3}+\frac{1}{15},$$

$$\frac{2}{7}=\frac{1}{4}+\frac{1}{28},$$

$$\frac{2}{9}=\frac{1}{6}+\frac{1}{18},$$

$$\frac{2}{11}=\frac{1}{6}+\frac{1}{66},$$

$$\frac{2}{13}=\frac{1}{8}+\frac{1}{52}+\frac{1}{104},$$

$$\frac{2}{15}=\frac{1}{10}+\frac{1}{30},$$

$$\cdots\cdots$$

一直写到 $\dfrac{2}{331}$ 的表示式为止。这张表叫作阿默斯表。

如果要把 $\dfrac{1}{7}$ 的 5 倍表示出来，他们首先把 $\dfrac{1}{7}\times5$ 看作

$$\frac{1}{7}\times5=\frac{1}{7}\times(2^2+1)$$

$$=\left(\frac{1}{7}\times2\right)\times2+\frac{1}{7}。$$

由阿默斯表

$$\frac{1}{7}\times2=\frac{1}{4}+\frac{1}{28},$$

所以

$$\left(\frac{1}{7}\times2\right)\times2=\left(\frac{1}{4}+\frac{1}{28}\right)\times2=\frac{1}{2}+\frac{1}{14}。$$

于是

$$\frac{1}{7}\times5=\frac{1}{2}+\frac{1}{7}+\frac{1}{14}。$$

古埃及分数表示法往往不止一种,
例如,

$$\frac{2}{3}=\frac{1}{2}+\frac{1}{6},$$

又有,

$$\frac{2}{3}=\frac{1}{2}+\frac{1}{7}+\frac{1}{42},$$

$$\frac{2}{3}=\frac{1}{2}+\frac{1}{7}+\frac{1}{43}+\frac{1}{1806},$$

甚至有无限多种表示法。

比如,将 1 表示成古埃及分数,如果项数限定是 9 项,方法有下列 5 种:

$$1=\frac{1}{3}+\frac{1}{5}+\frac{1}{7}+\frac{1}{9}+\frac{1}{11}+\frac{1}{15}+\frac{1}{35}+\frac{1}{45}+\frac{1}{231},$$

$$1=\frac{1}{3}+\frac{1}{5}+\frac{1}{7}+\frac{1}{9}+\frac{1}{11}+\frac{1}{15}+\frac{1}{21}+\frac{1}{135}+\frac{1}{10\,395},$$

$$1=\frac{1}{3}+\frac{1}{5}+\frac{1}{7}+\frac{1}{9}+\frac{1}{11}+\frac{1}{15}+\frac{1}{21}+\frac{1}{165}+\frac{1}{693},$$

$$1=\frac{1}{3}+\frac{1}{5}+\frac{1}{7}+\frac{1}{9}+\frac{1}{11}+\frac{1}{15}+\frac{1}{21}+\frac{1}{231}+\frac{1}{315},$$

$$1=\frac{1}{3}+\frac{1}{5}+\frac{1}{7}+\frac{1}{9}+\frac{1}{11}+\frac{1}{15}+\frac{1}{33}+\frac{1}{45}+\frac{1}{385}。$$

《阿默斯纸草书》这本"天书"上可没有写出这个结果,这是 1976 年才被人发现的,可以算作"天书补遗"吧!

把 2 表示成古埃及分数的形式,结果又怎样呢?十分有趣,任何一个完全数的所有因数的倒数和都等于 2。

完全数 6 的因数有 1,2,3,6,而

$$\frac{1}{1}+\frac{1}{2}+\frac{1}{3}+\frac{1}{6}=2。$$

完全数 28 的因数有 1、2、4、7、14、28,而

$$\frac{1}{1}+\frac{1}{2}+\frac{1}{4}+\frac{1}{7}+\frac{1}{14}+\frac{1}{28}=2。$$

"完全数"与"古埃及分数"风马牛不相及,但偏偏又会产生如此美妙的联系,真令人感到惊异!

非常有趣的是,埃及分数和一个神话有关,这个神话就是荷鲁斯之眼。在西方,人们根据这个神话制造出很多工艺品,据说可以"避邪"。

你会说,这个神话没有听说过啊。其实不然。医生开处方,总会用一个符号,这个符号,像 R 那样,但是又拖了一条尾巴,再加上一撇。我们常常在想,这个符号是什么意思呢?原来,这个符号就是从荷鲁斯之眼变化过来的,首先使用这个符号的是古罗马的盖伦医生。

鹰头神荷鲁斯的眼睛被赛特神分割成 **6 块碎片,每块碎片代表着一个分数,**当然他们只认分子为 1 的埃及分数。其中右眼角代表 1/2,眼球代表 1/4,眉毛代表 1/8,左眼角代表 1/16,眼睫毛代表 1/32,眼泪代表 1/64。据说,这只眼睛还可以帮助他们进行分数计算。

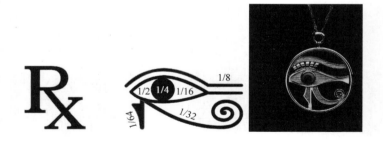

35. 日历上抹去的 10 天

把一个小数化为分数,那是很容易的。例如 365.2422,可以化为 $365\frac{2422}{10\,000}$,约分以后,又可以化为 $365\frac{1211}{5000}$,显然,这个分数很复杂。

在实际工作中,我们常常喜欢用一个简单的分数来代替一个小数。比如

365.2422 可以用 $365\frac{1}{4}$ 来代替。这里，$365\frac{1}{4}$ 并不等于原小数，但是因为它简单，所以有时人们喜欢用它，而不愿用 $365\frac{1211}{5000}$。这个分数 $365\frac{1}{4}$ 被叫作 365.2422 的"近似分数"。找一个小数的近似分数，要兼顾适当的精确度和形式简单两条要求。而这两条要求往往互相矛盾，精确度高了，往往形式很复杂；形式简单了，误差又往往较大。

正是由于这两条的关系没有处理好，历史上曾闹了一个大笑话。

我们现在使用的公历，是从罗马的儒略历演变过来的。限于当时的科学水平，罗马天文学家测得地球公转一周是 $365\frac{1}{4}$ 天。于是，他们给一般的年安排为 365 天，但这样做，每年少算了 $\frac{1}{4}$ 天，4 年就少算了 1 天，所以，3 个平年后，第四年要安排 1 个闰年，即这一年有 366 天，将这少算的 1 天补回来。这种"4 年 1 闰"的办法是公元前 46 年时制定的。

事实上，地球绕太阳公转一周是 365.2422 天，儒略历规定"4 年 1 闰"，实质上就是用分数 $365\frac{1}{4}$ 来近似代替小数 365.2422。因为是近似，就有误差。一年两年误差不明显，但日积月累，误差就十分惊人。每年相差 0.0078 天，128 年就多算了 1 天。到了公元 1582 年，也就是过了 1600 多年，人们发现这个历法竟与实际的天文现象相差了 10 天。怎么办呢？

为了从根本上解决问题，必须改变"4 年 1 闰"的置闰原则。把"4 年 1 闰"改为"400 年 97 闰"。从数学上看，就是用分数 $365\frac{97}{400}$ 来代替 365.2422。$365\frac{97}{400}$ 形式较 $365\frac{1}{4}$ 复杂些，但精确度大大提高了。

改为"400 年 97 闰"之后，平年、闰年怎样安排呢？改历之后是这样安排的，凡能被 4 整除的年份，如 2020 年、2024 年，是闰年。但这样一来 400 年中有 100 个闰年，太多了，所以又补充规定：逢百之年，必须能被 400 整除的才是闰年，如 1700 年、1800 年、1900 年都不是闰年，而 1600 年、2000 年才是闰年。这样一来，从 100 个闰年中扣去了 3 个闰年，剩下 97 个闰年。

"400 年 97 闰"的新办法固然好,但是对旧办法已经造成的 10 天误差,它却无能为力。怎样才能纠正这 10 天的误差呢?

说来十分有趣,罗马统治者下令,从日历中"抹"去 10 天,把 1582 年 10 月 4 日之后的一天算作 10 月 15 日。所以罗马人没有经历过 1582 年的 10 月 5 日、6 日、…、14 日。可以设想,那个时代的罗马人,10 月 4 日晚上睡到床上,第二天醒来已经是 10 月 15 日了,听起来十分荒唐! 对不了解这个历史故事的人来说,这确实是件不可思议的事。据说,当时社会上由此还引起了不少麻烦,例如,虽然这一年的第四季度少了 10 天,有的地主却坚持向农民收取整季的地租,于是引起了争吵。

美国和其他欧洲国家最终也改了历,但这是后来的事。因为使用儒略历时间更长,误差积累得很多,所以他们之中,有的"抹"去了 11 天,最多的竟"抹"去了 13 天。

36. "小小得大"

高年级男女学生的数学成绩,究竟谁略胜一筹? 高年级的数学兴趣小组中的男生和女生,经常为此争得面红耳赤。

有一次,年级里开展数学竞赛。甲班有 18 名同学参加比赛,其中男生 8 人,女生 10 人;乙班有 21 名学生参加,其中男生 13 人,女生 8 人。阅卷工作刚结束,一个消息灵通的男同学就在数学小组里宣布:

"在我们甲班,取得优秀成绩的男生人数占参加比赛的男生人数的 $\frac{5}{8}$,而女生中取得优秀成绩的只占 $\frac{3}{5}$,所以男生中取得优秀成绩的比例要高于女生中的。这再一次说明,男同学更适宜学理科。"

紧跟着,他的一个好朋友也得意扬扬地说:

"在我们乙班,男生中成绩优秀者占 $\frac{5}{13}$,而女生中成绩优秀的只占 $\frac{3}{8}$,因此女生中的'优秀人物'的比例也低于男生中的。"

于是,男同学们都很高兴,女同学们当然不服气,可是在"铁一般"的数据面前,又有什么办法呢!

　　眼看男同学们准备凯旋了,突然一个女同学站了起来,说:"等一等,虽然在每一班级中男生取得优秀成绩的比例略高,可是总的来说,却是女生取得优秀成绩的比例更高!"

　　"这是什么意思?"男生们停下不走了。

　　"请看这张表(表 36-1):

表 36-1　成绩评价

班级	优秀人数/参加人数	
	男生	女生
甲班	5 / 8	6 / 10
乙班	5 / 13	3 / 8
小计	10 / 21	9 / 18

$\frac{9}{18} > \frac{10}{21}$,所以总的来说,女生反而超过男生。"

　　男生们对这张表左看右看,不明白怎么两个较小的分数合起来反而成了一个较大的分数。

　　那个女同学故意用一种神秘的口吻说:"我告诉你们,这个'定理'就称为'小小得大',它和'负负得正'一样出名。"

　　"请证明一下,好吗?"男生们非弄明白不可。

　　"这很简单。在你家里,你最小,听你爸爸的话;你爸爸听你奶奶的话,因为爸爸比奶奶小。可是你奶奶对你又百依百顺,这时你成了'老大',这不就是'小小得大'吗?"这个女生说了一番俏皮话,弄得男生哭笑不得。

　　后来,数学小组的男女同学还是合力解决了这个问题。他们说,问题的关键是对任意两组分数

$$\frac{a_2}{a_1} > \frac{b_2}{b_1}, \qquad \frac{c_2}{c_1} > \frac{d_2}{d_1},$$

一般不能推得

$$\frac{a_2+c_2}{a_1+c_1}>\frac{b_2+d_2}{b_1+d_1}.$$

在上述问题中,虽有

$$\frac{5}{8}>\frac{6}{10}, \qquad \frac{5}{13}>\frac{3}{8},$$

却有

$$\frac{5+5}{8+13}<\frac{6+3}{10+8}.$$

值得指出的是,$\frac{6+3}{10+8}$,即$\frac{9}{18}$,不是$\frac{6}{10}$和$\frac{3}{8}$的算术平均数,而被叫作$\frac{6}{10}$和$\frac{3}{8}$的"加成分数"。关于加成分数,后面我们还将接触到它。

37. 懒羊羊约分

懒羊羊整天懒洋洋,总是心猿意马。有一次,老师在黑板上写了一个分数$\frac{16}{64}$,问"这个分数可不可以约分?谁来计算?"

老师一看懒羊羊在打瞌睡,就点名让懒羊羊来做。

懒羊羊走到黑板前,拿起粉笔,划去了分子、分母上的"6",得到$\frac{16}{64}$。

老师生气了,"懒羊羊,谁教你这样约分的?"

老师叫喜羊羊上来纠正,喜羊羊上来说,可以先约去2,再约去2,再约去2,再约去2,在黑板上写道:$\frac{16}{64}=\frac{1}{4}$。

老师说："喜羊羊做得正确,如果直接约 16,也是可以的。总之,约分的结果是 $\frac{1}{4}$"。

这时候,懒羊羊开腔了:"老师,我也得到 $\frac{1}{4}$ 啊!为什么我的不对?"

老师回头一看,也是啊,懒羊羊得到的结果也是 $\frac{1}{4}$,这是怎么回事呢?

懒羊羊在下面有点得意。

其实,这是特例,正巧两种做法结果一样,真是"瞎猫碰上死耗子",但绝对不能说明懒羊羊的做法是正确的。

这样的巧合还有几个,如:$\frac{26}{65} = \frac{2}{5}$。

那么其中有没有规律呢? 什么情况下存在这样的"巧合"呢?

设分子、分母都是两位数,分子设为 $10a+b$,分母设为 $10b+c$,注意,分子、分母中有个 b 是一样的,我们就是想把它"巧合"地约去。如果确实可以约去,则有下面的"巧合"式子:

$$\frac{10a+b}{10b+c} = \frac{a}{c}$$

即 $10a(c-b) = c(a-b)$。

这是一个不定方程。经过充分讨论,即可得到 a、b、c 的取值情况,因而本问题只有下列几种解答:

$$\frac{16}{64}, \frac{26}{65}, \frac{19}{95}, \frac{49}{98}。$$

38. 喜羊羊的《羊百科全书》

喜羊羊写了一套《羊百科全书》,收集了羊的品种、饲养、加工等资料,一共 9 本。喜羊羊把它放在书房里的显著位置,一有客人来到书房,喜羊羊都会得意扬扬地介绍这套书。

一天,懒羊羊来了。喜羊羊把他引进书房。懒羊羊看到这套书,伸出了大拇指直夸喜羊羊厉害! 过了一会儿,懒羊羊说:"你怎么把这 9 本书放得乱七八糟的?"

喜羊羊一看,书架的上格有 4 本,下格有 5 本,是没有放整齐。

喜羊羊灵机一动,说:"懒羊羊,你很懒,我给你出个题。"

懒羊羊:"难题不行,来个容易点儿的。"

喜羊羊说:"请看书架。书架的上格有 4 册,分别是第 5 册、第 8 册、第 3 册、第 2 册;下格有 5 册,分别是第 1 册、第 7 册、第 4 册、第 9 册、第 6 册。写一个分数,分子是上格的册数,即 5832,分母是下格的册数,即 17 496,请把这个分数化为最简分数。"

懒羊羊算了一下,

$$\frac{5832}{17\,496} = \frac{1}{3}。$$

"呀! 正巧等于 $\frac{1}{3}$!"

"不错。"喜羊羊:"那么,如果把这些书重新排一下,能不能得到分数 $\frac{1}{2}$ 呢?"

懒羊羊懒洋洋地搬动书本,一会儿这样,算算,不行,一会儿那样,再算算……说:"太难了,搬来搬去,也太费劲儿了。"

喜羊羊看懒羊羊不想干了,就启发他,最后得到了这样的排列:上格第 9,2,7,3 册,下格第 1,8,5,4,6 册。一算,

$$\frac{9273}{18\,546} = \frac{1}{2}。$$

懒羊羊开心死了。

这样一来,懒羊羊信心大增,一鼓作气,又分别算出了等于 1/4,1/5,…,1/9 的书的摆法。

$$\frac{4392}{17\,568} = \frac{1}{4},$$

$$\frac{2769}{13\,845} = \frac{1}{5},$$

$$\frac{2943}{17\,658} = \frac{1}{6},$$

$$\frac{2394}{16\,758} = \frac{1}{7},$$

$$\frac{3187}{25\,496} = \frac{1}{8},$$

$$\frac{6381}{57\,429} = \frac{1}{9}。$$

39. 卖泥塑娃娃

宋丹上夜市卖泥塑娃娃。

她把 60 个泥塑娃娃分成两类。30 个女娃娃，2 个卖 1 元钱，还有 30 个男娃娃，3 个卖 1 元钱。

她吆喝着："大家来买啊！这泥塑娃娃好，不是一般的好，而是相当的好啊！"一会儿，全部卖完了，共收入 25 元。

第二天，宋丹又带了 60 个泥塑娃娃去夜市上卖。她想，如果女娃娃 30 个，2 个卖 1 元钱；男娃娃 30 个，3 个卖 1 元钱，何不把 60 个泥塑娃娃放在一起，按 2 元钱 5 个来卖？这应该是一样的。她觉得自己很聪明，在心里为自己点赞！

生意可火啦！60 个泥塑娃娃全按 2 元钱 5 个卖出去了。收摊时，她发现只卖得 24 元，而不是昨天的 25 元。同样是 60 个娃娃，怎么会少了 1 元钱？

咦！怎么回事？

第一天总收入 25 元，除以总的个数 60 个，得到 $\frac{25}{60}=\frac{5}{12}$，即每个平均价是 $\frac{5}{12}$ 元。

第二天宋丹如果混着卖，那么应该按每个 $\frac{5}{12}$ 元(约 0.42 元)卖。

可是第二天，宋丹是按 2 元 5 个卖，就是按平均每个 $\frac{2}{5}$ 元(即 0.4 元)卖的。那不亏才怪呢！

问题出在什么地方呢？

原来宋丹把平均数算错了。第一天的价格，女娃娃 30 个，卖 1 元 2 个 $\left(\text{平均每个} \frac{1}{2} \text{元}\right)$；男娃娃 30 个，卖 1 元 3 个 $\left(\text{平均每个} \frac{1}{3} \text{元}\right)$。她是把这两个平均数的分子相加，分母相加，得到 $\frac{2}{5}$ 作为第一天的平均数。其实，$\frac{2}{5}$ 不是 $\frac{1}{2}$ 和 $\frac{1}{3}$ 的平均数，而是它们的"加成分数"。计算平均数必须是总价除以总个数！特别在遇到两类商品不同价格这样的问题时必须弄清楚。如前所述，现在第一天的总价是 25 元，总的个数是 60 个，因此，平均数 $\frac{25}{60}$。

这样的问题经常遇到，比如一山坡长 100m，上山速度是 20m/min，下山速度

是 25m/min，千万不可以把两个速度分子相加，分母相加，再除一除，也就是

$$\frac{20}{1}, \frac{25}{1} \quad \rightarrow \quad \frac{20+25}{1+1}\text{m/min} = \frac{45}{2}\text{m/min} = 22.5\text{m/min}$$

一定要算总路程和总时间。总路程是(100+100)m，总时间比较麻烦。

先算上山的时间，即上山的路程除以上山的速度，时间等于路程除以速度，即

$$\frac{100}{20}\text{min} = 5\text{min}。$$

同样的，下山的时间是

$$\frac{100}{25}\text{min} = 4\text{min}。$$

总时间出来了，是

$$(5+4)\text{min} = 9\text{min}。$$

于是总的平均速度是

$$\frac{200\text{m（总路程）}}{9\text{min（总时间）}} \approx 22.22\text{m/min}。$$

40. 糖水不等式

　　小孩子喜欢喝甜的东西,如果给他一杯糖水,他觉得不够甜,那么可以在这杯糖水中再加点糖进去,这是人人皆知的做法。有人从这个普通得不能再普通的做法中竟然引出了一个数学道理——糖水不等式。可见,科学家就是能够从司空见惯的事物中发现闪光的东西。

　　现在有一杯 a g 糖水,内含 b g 糖,则糖和糖水的质量比为 $\dfrac{b}{a}$,若再添加 c g 糖,则糖和糖水的质量比为 $\dfrac{b+c}{a+c}$。生活经验告诉我们,添加糖后,糖水会更甜,于是得出一个不等式: $\dfrac{b+c}{a+c}>\dfrac{b}{a}$。这就是"糖水不等式"。

　　两个分数,比如 $\dfrac{3}{1}$、$\dfrac{4}{1}$,把它们的分子相加,分母也相加,得到一个新分数 $\dfrac{3+4}{1+1}$。这个新分数不是原先两个分数的和,那么这个新分数叫什么呢? 前面已经说过,叫"加成分数"。

　　在《小小得大》和《卖泥塑娃娃》两篇文章里,我们遇到过加成分数。上面说到的糖水不等式里的新分数 $\dfrac{b+c}{a+c}$,就是由两个分数 $\dfrac{b}{a}$、$\dfrac{c}{c}$,分子和分母分别相加得到的,即它们的加成分数。

　　加成分数有一个性质,就是加成分数的大小一定介于两个原分数之间。比如由 $\dfrac{3}{1}$（等于 3）、$\dfrac{4}{1}$（等于 4）,得到的加成分数 $\dfrac{3+4}{1+1}=\dfrac{7}{2}=3.5$,不是介于 3 和 4 之间吗?

　　糖水不等式里的新分数 $\dfrac{b+c}{a+c}$,也介于 $\dfrac{b}{a}$ 和 $\dfrac{c}{c}$（等于 1）之间。即

$$\dfrac{b}{a}<\dfrac{b+c}{a+c}<\dfrac{c}{c}。$$

不等式中 $\dfrac{b+c}{a+c}<\dfrac{c}{c}$ 比较容易想通。原先 a g 糖水中含有 b g 糖,当然有 $b<a$,新糖水是 $(a+c)$ g 糖水中含有 $(b+c)$ g 糖,当然有 $a+c>b+c$,所以

$$\dfrac{b+c}{a+c}<1,$$

即

$$\dfrac{b+c}{a+c}<\dfrac{c}{c}。$$

但是要弄明白不等式中 $\dfrac{b}{a}<\dfrac{b+c}{a+c}$ 的道理，稍有点麻烦。用下面的方法进行推理比较容易理解。

因为

$$b<a,$$

所以

$$bc<ac,$$

两边再加一个相同的 ab，有

$$ab+bc<ab+ac,$$

再都除以 $a(a+c)$，得

$$\frac{ab+bc}{a(a+c)}<\frac{ab+ac}{a(a+c)},$$

将左右两个分式约分化简，得

$$\frac{b}{a}<\frac{b+c}{a+c}。$$

咦，像变戏法那样，成功了。那么是如何想到这样做的呢？

我是用了倒推的方法，也就是将来几何里会遇到的分析法。

由于加成分数有这样一个性质，由此可以得到好多结论。

比如，把 $\dfrac{3}{1}$，$\dfrac{4}{1}$ 看作圆周率 π 的近似值，3/1 是不足近似值，4/1 是过剩近似值，两者一加成，得 $\dfrac{7}{2}$（$=3.5$），和 π 比较，可知是过剩近似值，不过已经比原来的过剩近似值 $\dfrac{4}{1}$ 更接近 π 了。

继续这样加成，肯定越来越接近 π，不需要多少步，就可以得到疏率 $\dfrac{22}{7}$ 和密率 $\dfrac{355}{113}$。

推得密率的过程竟然如此简单，更因为加成分数的做法在我国古代早已知道，并在制定历法时有广泛的应用（那时叫调日法），怪不得有些数学史家认为，祖冲之的密率就是用加成分数的方法得来的。

同样的做法可以推得 $\sqrt{2}$ 和黄金分割的近似值，可见加成分数用处很大。

五、数学与音乐

我国古代早就有"宫、商、角、徵(zhǐ)、羽"五声音调,相当于现行简谱上的 1 (do)、2(re)、3(mi)、5(sol)、6(la),后来又发明了"三分损益"定音的方法。

用现在的音符来说,如果弹奏一根弦长为 1 的弦,发出 1(do)的音,那么弃去它的 $\frac{1}{3}$,即用手按在弦的 $\frac{2}{3}$ 处,弹奏出来的音是 5(sol),这叫"三分损一"。

然后,在此基础上,加上它的 $\frac{1}{3}$,即用手按在原弦的

$$\frac{2}{3} + \frac{2}{3} \times \frac{1}{3} = \frac{8}{9}$$

处,弹奏出的音是 2(re),这叫作"三分益一"。

再"三分损一",得 6(la);再"三分益一",得 3(mi),再"三分损一",得 7 (si),再"三分益一",得 4(fa),至此得到了"七音":

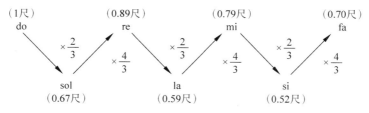

古希腊学者毕达哥拉斯对音乐与数学很有研究。他发现,如果一根弦弹出的音是 do,那么取它的 $\frac{2}{3}$,可弹出比 do 高五度的音 sol;取它的 $\frac{1}{2}$,可弹出比 do 高八度的音。同时,他认为,如果弦长成简单的整数比,如 2∶3,1∶2,那么,弹出的几个音听起来较和谐。这样,上面 3 个音,由于弦长比是 1∶$\frac{2}{3}$∶$\frac{1}{2}$,即 6∶

$4:3$，是简单整数比，所以是"调和"的。如果求出 $1, \frac{2}{3}, \frac{1}{2}$ 的倒数，得

$$1, \frac{3}{2}, 2,$$

它们之间又有什么关系呢？可以看出

$$\frac{3}{2} - 1 = \frac{1}{2},$$

$$2 - \frac{3}{2} = \frac{1}{2},$$

即后面一个数与前面一个数的差都是 $\frac{1}{2}$，我们说这三个数成"等差数列"。

如果三个数的倒数成等差数列，那么就说这三个数成调和数列。你看，这个名称就是由音乐而来的！

数学与音乐是不是有千丝万缕的联系？

六、题目人人会解，算法各有不同

41. 算筹兴亡史

古汉语中，"算"和"筹"二字相通，都是指一种用来表示数的小竹棍。后来，算筹在我国得到广泛应用，制作也日益精致，出现了玉制、骨制和象牙制的算筹。算筹出现的年代已遥不可考，但至少可上溯到战国时期。公元前 100 多年，司马迁在《史记》中记载汉高祖的话："夫运筹策帷帐之中，决胜于千里之外"，可见那时古人对算筹的应用已经很纯熟了。

用算筹表示数，有纵横两种形式。其中 1 到 9 各数的摆法是：

纵式		‖	‖	‖	‖	⊤	⊤	⊤	⊤
横式	—	=	≡	≣	≣	⊥	⊥	⊥	⊥
	1	2	3	4	5	6	7	8	9

记数时，从高位到低位，自左向右，纵横相间，个位、百位、万位等摆成纵式，十位、千位等摆成横式，缺位用空格表示。比如 6708 摆成 ⊥⊤　⊤。由于纵横交错，即使个数上的零也能分清，比如 ‖≣　，是 490，而不是 49。

这种记数法，既采用位值制，又使用十进制，与今日通用的阿拉伯数字记数法的原则一致。

据史学家考察，几乎所有的民族都曾经利用过小棍、小棒记数，但却以我国的算筹别具一格；它不仅可以用来记数，而且可以用来进行数的运算，其法则与今日的珠算大致相同。

但是，与算盘相比，算筹却有几个弱点。第一是运算速度太慢。由于摆放移动算筹不灵便，使得有时虽然心里早将这个位值上的数算好，但手里还在慢吞吞地收起放下,有"手不应心"的感觉。第二是占地太大。最早出现的算筹长4寸(战国时1寸＝2.31厘米)多,摆一个⊥字得占地20多平方寸。后来一缩再缩,终嫌太大。据说有时为了算一道题目,甚至要摆成几丈(战国时1丈＝231厘米)长的算筹。后来,算筹逐渐被方便灵巧的算盘取代。到明代算盘已经成为风行全国的运算工具了。

　　欧洲的记数小棒却朝着另一条路发展,逐渐演变成所谓的"债棒"。债务人或纳税人在小棒上刻下表示钱款数目的条纹,一截为二,一半留在债务人或纳税人处,另一半交于债权人或政府出纳处,作为借债或欠税的凭证。英国直至19世纪还采用这种方法。1834年,英国政府答应取消农民所欠税债,在国会大厦集中焚烧债棒,竟酿成大火,使大厦毁于一旦,连藏在墙壁里的标准英尺也被烧毁了。

42. 珠算杂谈

　　明代以来,我国使用最普遍的计算工具要数算盘了,几乎家家都有。中国的算盘是由算筹演变而来的,除了中国,还有些地区也出现过算盘,但是由于种种原因被淘汰了。

美洲的印第安人用绳子把贝壳穿起来计数，这大概是最早的计算器械了，可是它只有一级，无法进位，当然不方便。

希腊人在石板上刻画许多平行线，把石子放在平行线上或线间进行计算。罗马人占领希腊后，改革了这种算盘，在盘子里刻画一些槽，槽内放置可以上下移动的珠子。罗马人不懂位值制，因此要在槽的旁边刻写表示单位的字母，犹如今日的小学生刚学珠算时，要在算盘的横档上贴上"个、十、百、千"的纸条一样。他们的算盘内还有一些小槽，可以用来计算分数。罗马算盘用钢制成，笨重而且昂贵，再加上西方人一字常含有多个音节，不便于编写运算口诀，使学习的人感到很困难。这些缺点使得罗马算盘渐渐被人们废弃不用，最后进了博物馆，欧洲人又回到摆石子的老路上去了。

古俄罗斯人的算盘是用几根弧形的木条镶入木框制成，每根木条穿着十颗木珠，与今日幼儿园中数字教学器相仿。每颗珠子看作基数1，不像中国算盘下珠以一当一，上珠以一当五，因此计算起来速度大受限制，无法与中国算盘媲美。

不少人很奇怪，中国算盘为什么下档设五颗珠，上档设两颗珠呢？因为我们平时用不着下档的第五颗珠和上档的第二颗珠。其实，这原是为了计算斤两而设置的。中国古秤十六两制，中国算盘上下一整档正好能表示数15，因此，从前的商人觉得这种算盘用起来很方便。

由于中国算盘制作简单，价格低廉，运算方便，并且有易学易记的口诀，所以使用历史悠久、范围广泛。要知道，我们的"两弹一星"工程研制初期，因为计算量极大，研究人员除了用手摇计算机，还用到过算盘。

珠算有这么多的优点，所以也引起了世界各国的兴趣！

美国曾经将珠算作为"新文化"引进，目前仍在小学中开设珠算课。在加利福尼亚州的露天广场上，耸立着世界上最大的一个算盘。

日本在明代中期从中国引进算盘，并给它起了个很美丽的名字："十露珠"。他们认为珠算不但有实用价值，而且可以增强记忆，提高智力，使大脑的反应更灵敏。

后来，电子计算机出现了，然而古老的中国算盘仍具有一定的生命力。据报道，曾蝉联三届全国珠算技术比赛全能冠军的哈尔滨姑娘王建军，她拨珠频率之高,令人惊叹,每分钟可拨五位至十位的数据 187 个,比当时的电子计算机还快。

郭儒群副教授退休以后悉心研究珠算 20 余年,独辟蹊径,改革传统打法,创造了将原算盘倒置,上珠 4 颗(每颗作 2)、下珠 2 颗(每颗作 1)的珠算新法。并且将珠算引进高等数学的计算领域,在某些场合效果比使用当时的电子计算机还显著,使算盘这棵"古树"开了"新花"。1988 年,河北人民出版社为他出版了专著。

1980 年 8 月 20 日,在北京召开的中国科学技术协会第二次全国代表大会,有人推出一种最新型的计算工具——电子算盘,它将普通算盘长于加减、计算器长于乘除的优点融为一体,引起了国内外学者的广泛关注。

但是,电子计算机的发展实在太快了,现在珠算几乎没有实用价值了。但是有教育家提出了珠心算,据说儿童结合算盘进行口算,有利于提高计算速度,并对形象思维有一定的好处。

现存最大的算盘,长 3.6m,高 21cm,117 档,819 颗珠,当年是天津市和平区滨江道达仁堂药房的珍贵宝物。最小的算盘是"算盘戒指",长 18mm,宽 9mm,7 档,每珠直径只有 1mm,虽小,但各珠都能拨动,由上海的算盘收藏家陈宝定先生收藏。陈宝定先生一共收藏了 300 多把名贵算盘,并建了一个"算盘博物馆"。

43. 从九九歌到格子乘法

我国在春秋时代,就有了九九歌。汉代韩婴的《韩诗外传》中记载了齐桓公招贤的一段故事,说的是春秋时代的第一霸主齐桓公(前 685 年—前 643 年在位)招贤,但是没有人应聘。

一天,有一个人前来求见,齐桓公说:"你有什么本领?"

来者说:"我会背九九歌。"说罢便从"九九八十一"一口气背到"二二得四"(古时候的乘法口诀顺序与我们现在背诵的相反)。

齐桓公嘲笑他说:"会背九九歌也算本领吗?"那人不慌不忙地说:"背九九歌确实算不上什么大本领,但是如果您对我也能以礼相待,还怕比我高明的贤士不来应聘吗?"齐桓公如梦初醒,马上设宴款待,一个月后,齐桓公果然招到很多能人。

从这个故事里我们可以知道,九九歌,也就是一位数乘法,中国古人很早的时候就已经掌握了。

但是，多位数的乘法，对古代人来说就并不轻松了。

15 世纪到 17 世纪，欧洲人普遍使用"格子乘法"。

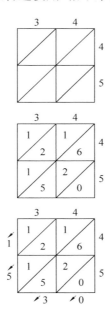

例如，对 34×45，他们是这样做的：先画出长宽各为 2 格的方格纸，并画上一些斜线，在方格纸上方标上 3,4，右方标上 4,5。接着，把上面的各个数字与右边各个数字分别相乘，把乘得结果填入格子里。

最后，把斜方的格中各数字相加，必要时考虑进位，便得到积 1530。

格子算法最早出现在阿拉伯国家，后来向西传入欧洲，向东传入我国。我国明代数学家程大位把它叫作"铺地锦"，并编成歌：

写算铺地锦为奇，不用算盘数可知。

法实相呼小九数，格行写数莫差池。

记零十进于前位，逐位数数亦如之。

照式画图代乘法，厘毫丝忽不须疑。

1617 年约翰·纳皮尔发明了一套骨筹（图 43-1）。要做乘法时，可以从中抽取若干根，例如 34×45，就相当于图 43-1 中用粗实线框出的 4 根筹，其计算方法就是上面所说的格子乘法。明眼人不难看出这不过是把格子乘法里填格子的任务事先做好而已。

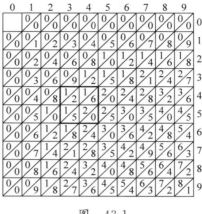

图 43-1

纳皮尔算筹也传到过中国，故宫博物院里至今还珍藏着几套呢！

44. 对数的敌手

乘法计算在欧洲历史上曾经是一件很难的事，因此人们挖空心思想找到乘法的计算方法，比如上文中的格子乘法就是当时的一种方法。本文再介绍一种方法，当然，现在早已消失得无影无踪了。

当时欧洲人不会算乘法，但是有些人会算平方。这说起来也奇怪，我们现在是先学乘法，再学平方的，但是历史发展的次序并不完全等于人思维发展的顺序，这种例子不止一两个。

他们是怎么利用平方来解决乘法问题的呢？原来他们找到了一个公式

$$\frac{(a+b)^2}{4}-\frac{(a-b)^2}{4}=ab。$$

其中的 $(a+b)^2$ 等于什么？我们用图 44-1 来说明。图中的正方形，边长是 $a+b$，面积是 $(a+b)^2$。把正方形切割成 4 块。左上和右下两块面积分别是 a^2 和 b^2，左下和右上两块是长方形，面积都是 ab。

由于大正方形面积等于两块小正方形和两块长方形的面积的和，所以得到

$$(a+b)^2=a^2+2ab+b^2，$$

不难得到

$$(a-b)^2 = a^2 - 2ab + b^2。$$

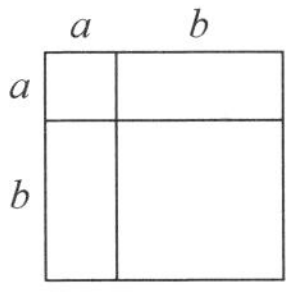

图 44-1

这样一来，上面式子的左边

$$\frac{(a+b)^2}{4} - \frac{(a-b)^2}{4} = \frac{a^2+2ab+b^2}{4} - \frac{a^2-2ab+b^2}{4} = ab，$$

公式得证。

接下去，制作一张平方表。$1^2=1, 2^2=4$……我在想，可能也只有个别的数学家会算，所以要制作一张表，供大众使用。

好，有了这张平方表，现在可以做乘法了。比如我们要计算 7×5：

第一步，先做加法和减法，即 $7+5=12, 7-5=2$；

第二步，查平方表，$12^2=144, 2^2=4$；

第三步，分别除以 4，得 $144/4=36, 4/4=1$，（有人会说，他们不会做乘法，除法反倒会做？ 是的，这里的除以 4，确实是除法，但这个除法是很特殊的，就是减半再减半，当时有部分数学家应该会的。）

第四步，两数相减，得 35，于是 $7\times5=35$。

经过这么复杂的过程，终于算出了两数的乘积。

据说，在对数发明前，这种方法还是很流行的。即便对数发明之后，有些人还是依赖这种办法。因此，历史上有人称它为"对数的敌手"。

45. 2 的魔力

一天，懒羊羊自豪地说："我现在完全可以把任意两个数相乘了，而且差不多能做得同喜羊羊做得一样快。"

大家都很惊讶。喜羊羊说："你怎么能够迅速地算出 85×16 呢？ 要知道，你只学会了加法和减法，乘除法也才学到 2 呀！"

"我能行",懒羊羊说:"你瞧我这样做——",说着就算了起来:

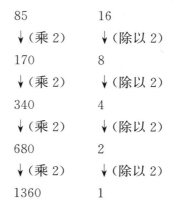

85	16
↓(乘2)	↓(除以2)
170	8
↓(乘2)	↓(除以2)
340	4
↓(乘2)	↓(除以2)
680	2
↓(乘2)	↓(除以2)
1360	1

所以,85×16 得 1360。

这种方法叫作"加倍减半法"。这道题比较简单,因为其中的一个数 16 恰好是 2 的 4 次幂,连续除以 2,只要 4 次就得到 1 了。如果要算 85×17,该怎么办呢? 这就需要对加倍减半法做点补充。

85 及 17 这两个数都不是 2 的整数次幂,也就是说,连续除以 2,都不能得到 1。请你注意,17 等于 $16+1$,所以

$$85 \times 17$$
$$= 85 \times (16+1)$$
$$= 85 \times 16 + 85,$$

就可以转化为 85×16。也就是说,只要做完 85×16,再加上 85 就可以了。具体计算时,可以把这个 85 写在一边,最后把它一起加进答案里就行了。

(85)	85	17
	↓(乘2)	↓(扣去1,除以2)
	170	8
	↓(乘2)	↓(除以2)
	340	4
	↓(乘2)	↓(除以2)
	680	2
	↓(乘2)	↓(除以2)
	1360	1

所以，

$$85 \times 17$$
$$= 1360 + 85$$
$$= 1445。$$

更难的题目，如 85×27 可以这样做：

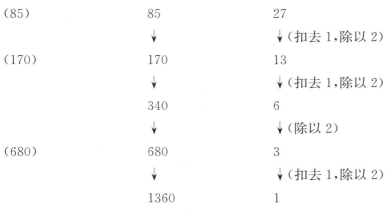

(85)	85	27
	↓	↓（扣去 1，除以 2）
(170)	170	13
	↓	↓（扣去 1，除以 2）
	340	6
	↓	↓（除以 2）
(680)	680	3
	↓	↓（扣去 1，除以 2）
	1360	1

所以

$$85 \times 27$$
$$= 1360 + 85 + 170 + 680$$
$$= 2295。$$

在乘法还是很困难的古代，印度人、埃及人做乘法就是用加倍减半法的。即使现在，这种做法依然可以用在速算的场合。

46. 零敲碎打的乘法

利用"2 的魔力"可以把任意两个数相乘化成相加来进行。这的确是一个"化繁为简"的好方法。但是，计算 513 721×4271 这样的题目，再用这种方法就显得步骤太多，太麻烦了！这里还有一个好方法。

首先把这两个数排成竖式：

$$0 \quad 0 \quad 0 \quad 5 \quad 1 \quad 3 \quad 7 \quad 2 \quad 1$$
$$0 \quad 0 \quad 0 \quad 0 \quad 0 \quad 4 \quad 2 \quad 7 \quad 1$$

然后从右端开始分别取 1 列，2 列，3 列，…，9 列。进行一种特殊的计算。

第 1 步：

$(1 \times 1 = 1)$

第 2 步：

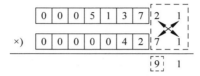

（上步算出的 1 保留，$2 \times 1 + 1 \times 7 = 9$。）

第 3 步：

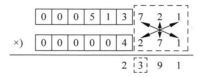

（上两步算出的 91 保留，$7 \times 1 + 2 \times 7 + 1 \times 2 = 23$。）

第 4 步：

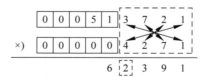

（上 3 步算出的 391 保留，$3 \times 1 + 7 \times 7 + 2 \times 2 + 1 \times 4 = 60$，注意上一步有进位。）

第 5 步：

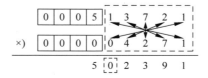

（上 4 步算出的 2391 保留，$1 \times 1 + 3 \times 7 + 7 \times 2 + 2 \times 4 + 1 \times 0 = 44$，注意上一步有进位。）

第 6 步：

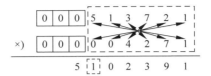

（上 5 步算出的 02 391 保留，$5 \times 1 + 1 \times 7 + 3 \times 2 + 7 \times 4 + 2 \times 0 + 1 \times 0 = 46$，注意上一步有进位。）

第 7 步：

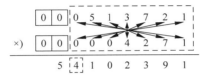

（上 6 步算出的 102 391 保留，$0 \times 1 + 5 \times 7 + 1 \times 2 + 3 \times 4 + 7 \times 0 + 2 \times 0 + 1 \times 0 = 49$，注意上一步有进位。）

第 8 步：

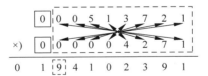

（上 7 步算出的 4 102 391 保留，$0 \times 1 + 0 \times 7 + 5 \times 2 + 1 \times 4 + 3 \times 0 + 7 \times 0 + 2 \times 0 + 1 \times 0 = 14$，注意上一步有进位。）

第 9 步：

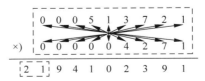

（上 8 步算出的 94 102 391 保留，$0 \times 1 + 0 \times 7 + 0 \times 2 + 5 \times 4 + 1 \times 0 + 3 \times 0 + 7 \times 0 + 2 \times 0 + 1 \times 0 = 20$，注意上一步有进位。）

所以 $513 721 \times 4271 = 2 194 102 391$。

这种算法如果熟练掌握后，计算速度是很快的，有的速算能手就是用这种方法做乘法的。作为速算的一种工具，大家不妨试一试。

至于题目为什么说它是"零敲碎打的乘法"呢？这是因为一般乘法是一气呵成的，而它是零零碎碎做些一位数的简单乘法得来的。

47．"辗转相除法"与《九章算术》

要化简一个分数，必须先求出这个分数的分子、分母的最大公约数，然后才能得到化简。在通常的情况下，求两个数的最大公约数是采用短除法。例如，求 54 与 72 的最大公约数，可以列出算式：

$$
\begin{array}{r|ll}
2 & 54 & 72 \\ \hline
3 & 27 & 36 \\ \hline
3 & 9 & 12 \\ \hline
 & 3 & 4
\end{array}
$$

所以 54 与 72 的最大公约数是 $2\times3\times3=18$。当然，如果不用这种短除法，还可以用分解质因数方法来算。

$$54=2\times3\times3\times3,$$

$$72=2\times2\times2\times3\times3,$$

它们的公共质因数乘积 $2\times3\times3=18$ 就是最大公约数。

但是，碰到像 2231,3887 这样两个比较大的数，要求它们的最大公约数，如果还用上面所说的短除法或分解质因数法就不一定能求得出来。因为 2,3,5,11 都不是它们的约数，它们的约数不能一下子就找出来，那么怎样才能求得它们的最大公约数呢？

在这个时候，就可以采用"辗转相除法"。先将 2231,3887 并排写好，并画上三根直线把这两个数隔开，再从这两个数中选择一个较大的数 3887 除以另一个较小的数 2231，把商 1 写在较大数的直线外，并且求得余数 1656；

$$
\begin{array}{r|r|l}
2231 & 3887 & 1 \\
 & 2231 & \\ \cline{2-2}
 & 1656 &
\end{array}
$$

然后将余数 1656 去除刚才作为除数的 2231；

$$
\begin{array}{c|c|c|c}
1 & 2231 & 3887 & 1 \\
 & 1656 & 2231 & \\
\hline
 & 575 & 1656 &
\end{array}
$$

继续将较大数除以较小的数；……直到余数是 0 为止，则 0 前面的一个余数就是最大公约数了。完整的计算过程如下：

$$
\begin{array}{c|c|c|c}
1 & 2231 & 3887 & 1 \\
 & 1656 & 2231 & \\
\hline
1 & 575 & 1656 & 2 \\
 & 506 & 1150 & \\
\hline
3 & 69 & 506 & 7 \\
 & 69 & 483 & \\
\hline
 & 0 & \boxed{23} &
\end{array}
$$

所以 2231 与 3887 最大公约数是 23。如果两数互质，也可用辗转相除法来检验。如 97 与 169：

$$
\begin{array}{c|c|c|c}
1 & 97 & 169 & 1 \\
 & 72 & 97 & \\
\hline
1 & 25 & 12 & 2 \\
 & 22 & 50 & \\
\hline
3 & 3 & 22 & 7 \\
 & 3 & 21 & \\
\hline
 & 0 & \boxed{1} &
\end{array}
$$

可知最大公约数为 1，即 97 与 169 互质。有了这个方法，求最大公约数更有把握了。

这个"辗转相除法"是由中国最早创造的。在西汉时期，出现了一本数学专著《九章算术》，其中记载了求最大公约数的"更相减损法"，由它发展而成"辗转相除法"。我国著名数学史家钱宝琮在《中国数学史话》这本书中讲道，意大利人班乞奥利于 1494 年写了一本算术书，他的求最大公约数的方法也是用更相减损法。并且，班乞奥利说这种方法是 6 世纪罗马数学家波伊替斯传下来的。照那个时间算起，也要比中国的《九章算术》晚，而且班乞奥利还承认这种方法或许是从中国传去的。这就充分说明了我们的祖先很早就在数学方面获得很大的成就，对数学的发展起过很大的影响。《九章算术》这部著作的内容十分丰富，它按问题的应用及算法性质而分为 9 个章节，所以被称为《九章算术》。这本书并不是由一个人完成的，是经过几代人的努力，总结了大家的经验，最后才形成的。

著名数学家吴文俊晚年认真钻研了数学史，他认为数学发展有两条主线。一条是以《几何原本》为代表的推理系统，另一条则是以《九章算术》为代表的算法系统。因此，《九章算术》和欧几里得的《几何原本》一样，都是光辉夺目的古代数学名著。而且在计算机快速发展的今天，我国的机械化、算法化的传统更有价值。

48. 省略号引起的麻烦

《小学数学教师》期刊上曾有读者提出：

$$630 \div 27$$
$$= 630 \div 9 \div 3$$
$$= 70 \div 3$$
$$= 23 \cdots\cdots 1,$$

究竟对不对？

我们把这个问题讨论一下。

如果 630 直接除以 27，应该得到

$$630 \div 27 = 23 \cdots\cdots 9。$$

这肯定是正确的。既然这个算法正确，那么读者提出的方法应该是有问题的。但这位读者这样"巧算"（先除以 9，再除以 3）好像也看不出问题来啊！错在哪里呢？

我们来分析一下。

在两个整数相除而除不尽的情况下，会出现余数，在小学里，这个余数用省略号拖在式子的后面。对于这种式子，有些同学常常会产生困惑。

这个省略号算什么呢？它不是加，也不是减……总之不是加减乘除四则运算符号。有学生试图对这样的式子进行些变换，结果竟然一做就错。

对于除法（能够除尽的情况），被除数、除数扩大同样的倍数，商不变，如 6÷

3＝2，被除数和除数都乘以5，变成30÷15，商还是2。但是在除不尽的情形下，就行不通了。比如

$$7÷3＝2……1。$$

假如被除数、除数都乘以5，变成了35÷15，商（准确说是不完全商）虽然还是2，但是余数从1变成了5。即

$$35÷15＝2……5，$$

可见此时不能随便扩大倍数！

再如18÷6和18÷2÷3结果是一样的，都是3。但对于除不尽的情况就不能随便分拆！本文前面的例子就是这样的，不能随便"巧算"。

总之，原先的性质不能适用了。

看来，这个因除不尽而产生的省略号，确实引起了不少麻烦。

其实，

$$630÷27＝23……9 \tag{1}$$

不是我们熟悉的"除法"，而是"带余除法"（这里必须强调，除法和带余除法是两码事）。

直观上，带余除法就是做除法时除不尽，得到一个余数，于是写成了带省略号并后面再带上余数那样的式子，或许这比较容易理解。但是，这种式子只是小学里的一种通俗的表达方法，并不规范。

规范的写法是怎么样的呢？应该写成

$$630＝23×27＋9， \tag{2}$$

或者

$$\frac{630}{27}＝23＋\frac{9}{27}。 \tag{3}$$

一旦利用不带省略号的规范的式（2）、式（3），就可以运用过去学过的各种运算法则，包括交换律、结合律、分配律等。下面分析一下本文开头的例子。

正确的式子

$$630÷27＝23……9，$$

可以改写成

$$630＝27×23＋9，$$

针对这个式子，把27分拆没有问题。即

$$630＝9×3×23＋9。$$

所以，我们看到通俗写法，而且必须进行运算的时候，一定要把通俗写法改写为规范写法。绝对不可以对通俗写法直接"动刀动枪"的。

49. 墓碑上的数学题新解

古希腊著名数学家丢番图，人们只知道他是公元 3 世纪的人，其年龄和生平史籍上都没有明确的记载。但是，古怪的丢番图在他的墓碑上透露了他的寿命信息。

丢番图的墓碑上有一道数学题：

过路人，丢番图长眠于此，

倘若你懂得碑文的奥秘，它会告诉你丢番图的寿命。

他的生命的 $\frac{1}{6}$ 是童年，

再过了生命的 $\frac{1}{12}$，他长出了胡须，

其后丢番图结了婚，不过还不曾有孩子，这样又度过了一生的 $\frac{1}{7}$，

再过 5 年，他获得了头生子，然而他的爱子竟然早逝，只活了丢番图寿命的一半，丧子以后，他在数学研究中寻求慰藉，又度过了 4 年，终于也结束了自己的一生。

这道题通常用方程解。

我们可以设丢番图的寿命为 x 岁，则可列出方程：

$$\frac{1}{6}x + \frac{1}{12}x + \frac{1}{7}x + 5 + \frac{1}{2}x + 4 = x,$$

可解得 $x = 84$，所以他终年 84 岁。

其实还有更简单的解法：

"他的生命的 $\frac{1}{6}$ 是童年"说明丢番图的寿命是 6 的倍数。

"再过了生命的 $\frac{1}{12}$，他长出了胡须"说明丢番图的寿命是 12 的倍数，

"又度过了一生的 $\frac{1}{7}$"说明丢番图的寿命又是 7 的倍数。

可见丢番图的寿命是 12 和 7 的倍数，$12\times7=84$ 岁。这个方法太简单了！

50. 计算器中毒了？ 竟然 10％＋10％＝0.11

$10\%+10\%=?$

这还不简单，$10\%=0.1$，$10\%+10\%$当然等于 0.2 啊！

现在手机的功能几乎无所不包，简单的数字运算不在话下。那么请打开你的手机里的计算器。

第一步，输入"10"，再输入"％"，这就是相当于输入了"10％"。计算器上跳出来"0.1"。它已经帮你计算出来了，10％就是 0.1。

第二步，再输入"＋"。

第三步，继续输入"10"，再输入"％"，这就是相当于又输入了一个"10％"。计算器跳出来什么东西？

你会想当然地说，当然是"0.1"啦！不是的，跳出来的是"0.01"。奇怪吗？

第四步，如果继续输入等号，让两个"10％"加起来，得到 0.11。前面错了，后面自然跟着错啦！$10\%+10\%$ 竟然不等于 0.2，而等于 0.11。真不可思议！

大多数的手机上的计算器都是这个结果，可能会有几个牌子的手机例外。

这是怎么回事？难道计算器中毒啦？

原来，不少计算器是用海外的某种逻辑设计的。而不少外国人，计算能力实在不敢恭维。

比如，5 除以 1/3，中国孩子很快地利用"除以一个分数等于乘上这个分数的倒数"这个规则解出来，即

$$5\div\frac{1}{3}=5\times\frac{3}{1}=15,$$

而外国孩子，他知道"5 除以 1/3"，是问 5 里面含有多少个 1/3（暂时叫它"尖角"吧）。他会把 5 个饼，每个饼都平均切成 3 份，每份就是 1/3（一个尖角），5 个饼一共含有多少尖角，然后数一数？15 个，于是得到：

$$5\div\frac{1}{3}=15。$$

从计算速度来说，两者简直是天壤之别。

再举一个例子。我国的一位数学家 S 教授到 M 国访问。一次他去当地学校听课。

老师："$\frac{1}{2}+\frac{1}{3}$ 等于多少？请大家讨论一下。"

讨论结果，多数学生得出 $\frac{2}{5}$，就是把分子相加，分母也相加。注意，这是多数学生得出的结论。

老师："其他同学有意见吗？"

学生们："没有。"

老师："那好，就让 $\frac{1}{2}+\frac{1}{3}=\frac{2}{5}$ 吧！"

想不到在数学原理上也发扬民主，少数服从多数。课后，S 教授问那位老师："你怎么把错误的方法教给学生呢？"想不到老师若无其事地答道："They like it！（他们喜欢这样。）"科学原理竟然可以由某些人的喜好决定。

如果说，前面一个例子里，有些外国孩子虽然计算速度慢，但确实理解分数除法的实质，这还是有益的，而后面这个例子里，这位老师简直是误人子弟了！

回头再说计算器计算 $10\%+10\%$ 的问题。原来外国人外出吃饭、买东西，有付小费的惯例。但是这个小费在计算的时候有点麻烦，比如 100 元的餐费，加 10% 的小费。多烦琐啊，餐费的 10%，怎么算？不会，不会，不会！

我们清楚，这个式子应该是：$100+100\times10\%（=110）$，但有些外国人搞不清，以为是 $100+10\%（=100.1）$。

搞不清的人太多了，科学只能向"习惯"屈服，所以在计算器里就是按搞不清的那些朋友的思路设计的。计算器里遇到"某某数＋＊％"，一律认为是

　　　　某某数（餐费）＋某某数（餐费）×＊％（小费比率）。

按他们的思路，$10\%+10\%$，理解成 $10\%+10\%\times10\%（=0.11）$。所以出现了 $10\%+10\%$ 竟然不等于 0.2，反而等于 0.11。

51. 工程师的好助手——诺模图

工程技术人员在设计中，常常要为处理大量烦琐的数据而花费大量时间，

在对数运算中，能化乘除运算为加减运算，化幂运算为乘除运算，因而在一定程度上减轻了工程师的负担。除此之外，数学家还能为他们做出什么贡献呢？

18 世纪末，法国数学家阿肯在深入研究图形与数值的关系的基础上，提出了一种借助图形代替演算的观点。他把这类图形称为"诺模图"，中国也译作"算图"，并亲手制成第一批诺模图。用这类图形来计算某些数据，只要在图上略微比画几下即可得结果，所以诺模图一问世，立刻受到了工程师的热烈欢迎。现在世界各国都出版发行了各种有关诺模图的书籍，比如《电子诺模图》《船舶设计专用诺模图》等。

我们知道，电学中计算并联电路总电阻的公式是：

$$\frac{1}{R} = \frac{1}{R_1} + \frac{1}{R_2},$$

其中 R 表示总电阻，R_1、R_2 表示并联电路中各个电阻。

帮助计算总电阻 R 的诺模图见图 51-1。

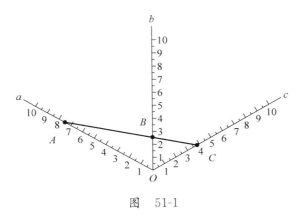

图　51-1

它是由 O 点出发的三条线段 a、b、c 组成的，都印有同普通直尺一样的刻度读数，其中线段 a 与线段 b、线段 b 与线段 c 均成 $60°$。使用时，在线段 a 上找到对应 R_1 的点 A，在线段 c 上找到对应 R_2 的点 C，用直尺连接 AC，直尺与线段 b 的交点处的读数 B，就对应总电阻 R 的值。图 51-1 中画的是两个电阻 $R_1 = 7.5\Omega$，$R_2 = 3.7\Omega$，从图中可以直接看出，总电阻 R 约为 2.5Ω。

如果已经知道总电阻 R 和一个电阻 R_1，也能借用图 51-1 把 R_2 求出来。

在光学中有一个计算物、像、焦点到透镜的距离公式：

$$\frac{1}{f} = \frac{1}{u} + \frac{1}{v}$$

其中 f 为焦距，u 为物距，v 为像距。

这个公式的实质和上一个电阻公式完全一样，因此也可以借用上面的诺模图帮助计算。

小学算术中的"工程问题"是比较难的一类应用题。例如，甲水管单独开放，75min 可以将水池注满，乙水管单独开放，37min 可以将水池注满，问两水管一起开放，几分钟可以将水池注满？

因为甲单独开放要花 75min 注满水池，所以甲 1min 灌了水池的 $\frac{1}{75}$。乙单独开放要花 37min 注满水池，所以，乙 1min 灌了水池的 $\frac{1}{37}$。两水管同时开，1min 灌了水池的

$$\frac{1}{75} + \frac{1}{37}。$$

设两水管一起开，x min 可注满水池，则

$$\frac{1}{x} = \frac{1}{75} + \frac{1}{37}。$$

求 x，和上述求电阻完全类似，所以也可以使用诺模图进行计算。

借用简单的平面几何知识，可以证明这张图的正确性，同学们不妨试一试。

用诺模图解决专门的计算问题真是又快又好，即使在已经普遍应用电子计算机的今天，工程师仍然把它视为自己的好助手。

52. 对数是怎样发现的

著名俄罗斯诗人莱蒙托夫是一位业余数学爱好者。有一次，他在书房里研究一道数学题，冥思苦想，直至深夜也没做出来，不知不觉进入了梦乡。梦中，一位数学家向他提示了解法，他顿时醒来，很快解出了数学题，并且画下了这位数学家的肖像。这幅像曾经刊登在莱蒙托夫全集里，还曾珍藏在苏联科学院中。这位数学家是谁呢？人们认为，他很像纳皮尔——对数的发明人。

在公元前 200 多年前，阿基米德就发现了算术级数（不断地逐次加上同一个数的一列数）和几何级数（逐次成倍增加的一列数）间有着密切的关系。比如

以下两个数列：

0	1	2	3	4	5	6	7	8	9	10	11…
1	2	4	8	16	32	64	128	256	512	1024	2048…

要算第二行中两个数的积，只要算出第一行中两个数的和即可。比如，要求 16×128，可以通过这张表，直接得出，16 对应 4，128 对应 7，4＋7＝11，11 对应的 2048 就是所求的积。这种思想，为后人建立对数表提供了线索。

在瑞士，有一位年轻且聪明能干的钟表师，名叫比尔吉，他没有上过大学，但非常热爱天文学，和著名天文学家开普勒一起观测天象。开普勒信仰哥白尼的日心说，但却为测得的行星运转资料不符合哥白尼所说的圆形轨道而苦恼，最后他另辟蹊径，运用高超的数学才能，发现了开普勒行星定理。

在这项工作中，大量艰巨繁杂的计算却成了比尔吉发明对数的动力。他受算术级数与几何级数关系的启发，从 1603 年到 1611 年，整整花了 8 年，一个数一个数地计算，制成了世界上第一张对数表。但是，由于底数选得不好，表中某些数字出现差错，再加上这张表发表的时间较晚，所以未能流传开来。

苏格兰有一位贵族纳皮尔，虽不是职业数学家，却擅长于研究计算技术。他在研究物体运动的过程中，独立发明了对数。说来难以置信，纳皮尔对数的产生还在指数概念产生之前呢。

纳皮尔前后用了 20 年的时间，才编制成了对数表，并出版了《奇妙的对数表的描述》一书，对对数概念、性质和对数表的使用，作了详尽的说明。

纳皮尔发明了对数，引起了当时第一流数学家的注意。牛津大学天文学教授布里格斯第一个意识到对数的强有力的作用，想方设法来到苏格兰拜访纳皮尔。两人一见如故，畅谈数日。布里格斯在表达自己对纳皮尔的崇高敬意之后，建议纳皮尔采用更常用的以 10 为底的对数。但是纳皮尔于翌年逝世，未能完成这项工作。

布里格斯继承纳皮尔未竟的事业，终于在 8 年之后出版了一本常用对数表。其中印有从 1 到 20 万，又有从 90 万到 100 万各数的常用对数。又过了 10 年，荷兰数学家佛拉哥才将空白处补足。现在通用的常用对数表正是从布里格斯对数表演进而来的。

对数概念和对数表，如今是重要的数学内容之一，恩格斯把它的发明称为 17 世纪数学三大成就之一。

53. 奇怪的限速牌

开车的朋友都会注意路边的各种路牌,有的路牌是指示方位的,有的则是告诉你周围的重要场所或景点的。

网上流传有一块路牌,它是限速标志。限速标志很普通,但是这块路牌特别奇怪,它没有明说每小时限速多少公里,而是给出了一个方程,让你自己去算。怪不得有些朋友惊呼:数学没学好,看来没法开车了!

这个方程并不难:$2x=(360÷4)$,一元一次方程而已。稍有小学数学知识都会算,结果是 $x=45$。

54. 哑巴买肉

古时候,我国民间流传着许多趣味算题。这些题目,有的以故事形式出现,有的则写成歌谣。"哑巴买肉"就是其中之一。题目是这样的:

哑巴来买肉,难言钱数目。一斤少四十,九两多十六;试问能算者,应得多少肉?

(注意:古秤为 16 两制。)

这道题最初见于明代《算法统宗》,其中四十、十六指的是 40 文和 16 文古钱("文"是古时候钱的计数单位,相当于现在的"分""角")。这部书上介绍了题

目的算术解法：

因为买 9 两肉余 16 文钱，买 16 两肉缺 40 文钱，可见想买 7(16－9)两肉，应付 56(16＋40)文钱。于是可知每两肉售价 8(56÷7)文，哑巴带钱 88(8×9＋16)文，可买肉 11(88÷8)两。

这题目若用一次方程组来解，则更易理解。

设：肉价为 x 文/两，则

$$16x－40＝9x＋16，$$
$$(16－9)x＝16＋40，$$
$$7x＝56，$$
$$x＝8。$$

所以肉价为每两 8 文。

还有一个哑巴买肉的题目，若用方程来解，则要用到更深一些的知识了。

题目是：

有两个要吃肉的哑巴张甲和李乙。某日,两人结伴上市场买肉。张甲买了1斤肉,李乙只买了1两。以后,两人又每天一起上市场买肉,但甲买的数量逐日减半,乙买的数量却逐日倍增。问几天之后,两人所买的数量相等。

设：x 日后两人所买的肉数量相等。

因为甲第一次买了1斤肉,而后逐日减半；

所以他一天后买 $\dfrac{1}{2}$ 斤肉；

两天后买 $\dfrac{1}{2} \times \dfrac{1}{2} = \dfrac{1}{2^2}$ 斤肉；

三天后买 $\dfrac{1}{2} \times \dfrac{1}{2^2} = \dfrac{1}{2^3}$ 斤肉；

……

x 天后买 $\dfrac{1}{2^x}$ 斤肉,换算成 $\dfrac{1}{2^x} \times 16$ 两肉。

又因为乙第一次买1两肉,而后逐日倍增；

所以他一天后买2两肉；

两天后买 $2 \times 2 = 2^2$ 两肉；

三天后买 $2 \times 2^2 = 2^3$ 两肉；

……

x 天后买 2^x 两肉。

根据 x 天后两人买肉数量相等,列出方程,

$$\dfrac{1}{2^x} \times 16 = 2^x,$$

方程两边同乘 2^x,得

$$16 = 2^x \times 2^x,$$

即 $2^4 = 2^{2x}$,所以 $x = 2$。

因此,2天后,即第3天两人买的肉分量相等,都是4两肉。

55. 无赖和勇士

古代意大利的泰塔格利亚和菲奥尔有一次比赛,比赛中涉及了几道三次方

程的题，泰塔格利亚在比赛中取得了胜利，但他知道他的方法仍是不完善的，从此他更热衷于研究三次方程。到了 1541 年，泰塔格利亚才真正得到了一般三次方程的解法。

爱好数学的人纷纷登门求教，希望他把方法公开出来。泰塔格利亚准备写一部大代数学，把解法列入书中。可是，当时他忙于翻译欧几里得和阿基米德的著作，便把这件事耽搁下来了。

与泰塔格利亚差不多时代的数学家卡尔达诺在获知三次代数方程的解法后，将其发表在自己的《大术》一书中，所以后人将该解法称为卡尔达诺公式。

三次方程解法成功，激励着数学家向更高次的方程进军。卡尔达诺有个很有才能的学生弗拉里，他出色地完成了四次方程的一般解法，卡尔达诺把这个解法也收入《大术》中了。

卡尔达诺并没有停滞不前，而是在这个基础上进一步研究，从而取得了新的成就。

在卡尔达诺之前，不少数学家碰到了负数开平方的问题。他们认为负数的平方根是不存在的，就把它舍弃了。

卡尔达诺研究了这样一个问题，两数的和是 10，积是 40，求二数。这就相当于解方程

$$x(10-x)=40。$$

用一元二次方程求根公式得到方程的两个根是：

$$x_1=5+\sqrt{-15}，$$

$$x_2=5-\sqrt{-15}。$$

如果不管这两个根的形式多么奇怪，用普通的计算法则验证一下，就会发现：

$$x_1+x_2=(5+\sqrt{-15})+(5-\sqrt{-15})=10，$$

$$x_1\times x_2=(5+\sqrt{-15})\times(5-\sqrt{-15})=25-(-15)=40。$$

因此，这两个数是符合要求的。卡尔达诺发现，引进 $\sqrt{-15}$ 一类的数，能使三次方程求根公式更完善，于是他就勇敢地把负数的平方根写进了公式。后来数学大师笛卡儿给这类数起名为"虚数"。

第一个吃螃蟹的人是个勇士，因为螃蟹的样子很可怕，又不知道是不是有毒，不是勇士，谁敢吃它呢！如果我们想一想第一个发现无理数的希腊学者希伯斯被抛入大海的情景，就不得不承认第一个使用负数的平方根的卡尔达诺，也是一位勇士。

七、吟诗答对皆是数

56. 童谣

我写这篇文章的时候,正巧是 6 月 1 日儿童节。我们这些老人们也竟然互相发祝贺的微信:祝老小孩儿节日快乐! 可见老年人也有童心。

有时我参加一些老年人的活动,年轻的主持人会出点花样,要我们又动口又动手,带领我们边唱儿歌边玩,据说可以不得"老年痴呆症"。比如下面的《手指点点歌》。

手指点点歌

小一小一点点(用一个手指点),

小二小二剪剪(用食指、中指如剪刀状),

小三小三扇扇(用中指、无名指、小指如扇子状),

小四小四叉叉(两手手指对叉),

小五小五拍拍(五根手指张开),

小六小六喂喂(大拇指、小指,打电话状),

小七小七捏捏(大拇指和食指中指对捏),

小八小八呼呼(大拇指、食指张开如打枪),

小九小九钩钩(食指勾起来),

小十小十,耶耶!(十根手指全张开)

一会儿,这个老头弄错了,一会儿,那个老太搞混了,引起哄堂大笑。你别说,这些老头老太玩得挺高兴的。童心未泯啊!

下面再举几首有关数字的儿歌作例子。

数字歌

1像铅笔细又长，

2像小鸭水上漂，

3像耳朵能听话，

4像红旗迎风摇，

5像挂钩挂衣帽，

6像豆芽咧嘴笑，

7像镰刀割青草，

8像麻花拧一道，

9像勺子能盛饭，

0像鸡蛋做蛋糕。

乘法口诀歌

一只青蛙一张嘴，两只眼睛四条腿；

两只青蛙两张嘴，四只眼睛八条腿；

三只青蛙三张嘴，六只眼睛十二条腿；

四只青蛙四张嘴，扑通扑通跳下水。

数字唱对

我唱一，谁对一，什么开花在水里？

你唱一，我对一，菱角开花在水里。

我唱二，谁对二，什么开花像棍棍儿？

你唱二，我对二，韭菜开花像棍棍儿。

我唱三，谁对三，什么开花叶子尖？

你唱三，我对三，夹竹桃开花叶子尖。

我唱四，谁对四，什么开花一身刺？

你唱四，我对四，玫瑰开花一身刺。

我唱五，谁对五，什么开花在端午？

你唱五，我对五，石榴开花在端午。

我唱六，谁对六，什么开花拜日头？

你唱六，我对六，秋葵开花拜日头。

我唱七,谁对七,什么开花在雪里?

你唱七,我对七,蜡梅开花在雪里。

我唱八,谁对八,什么开花像喇叭?

你唱八,我对八,牵牛开花像喇叭。

我唱九,谁对九,什么开花香味久?

你唱九,我对九,桂花开花香味久。

我唱十,谁对十,什么开花像羹匙?

你唱十,我对十,玉簪开花像羹匙。

（摘自《中国幼儿文学集成》）

时序谣

正月里来踢毽子,

二月里来放鹞子,

三月里向荠菜子,

四月里向落花子,

五月端午裹粽子,

六月里向拍蚊子,

七月棉花结铃子,

八月里向吐瓜子,

九月里收葵花子,

十月里向造房子,

十一月里切栗子,

十二月里养个小儿子。

（"里向",就是"里""里面"的意思）

买东西

一买茶叶,茶叶一角一;

二买泥螺,泥螺二角二;

三买雨伞,雨伞三角三;

四买蛳螺,蛳螺四角四;

五买黄鱼,黄鱼五角五;

六买六谷,六谷六角六;

七买赤肉,赤肉七角七;

八买白鸽,白鸽八角八;

九买烧酒,烧酒九角九。

("六谷",宁波方言,玉米)

拍大麦(两人对玩)

一箩麦,

两箩麦,

三箩开花拍大麦,

噼噼啪,噼噼啪……

上面的童谣,有板有眼的,但是其实好多童谣,根本没有逻辑性可讲,仅仅要求朗朗上口,再加点想象力。比如下面这首就是这样的。

木头人(多人玩)

三三三,

我们都是木头人,

不许哭来不许笑,

还有一个不许动。

(大家都不动,谁动谁就算输了)

这个"三三三"和"木头人"有什么关系？没有关系,但是小孩子就是唱得开心,玩得高兴。

最后说一首很有意义的童谣,这个童谣叫《马兰花开》,当年的小朋友一边跳着皮筋,一边唱着这首歌谣,但是绝大多数小朋友并不知道所唱的词有什么含义。

马兰花开

小皮球,小小兰,

马兰开花二十一,

28256,

28257。

根据河南大学程遂营教授透露,这歌词里藏着一个天大的秘密。

大家都知道，在最艰难的时代，我们国家的科研人员在新疆罗布泊这个"鸟不拉屎"的地方，试验核武器，最终成功发射了原子弹和氢弹。

但是这个工作是在极其保密的情况下进行的，到后来才逐渐解密。

歌词里的马兰是一种草，它能在广袤的沙漠中顽强地生长。我国的两弹研制基地就叫马兰基地，"开花"就是指核弹爆炸。"二十一"是研究所的代号，这在当时是绝密的。

28256，28257，是当时研究基地对外联系的通信号码。

现在已经几乎没有人跳皮筋了，但是这段历史，我们要永远铭记。为"两弹一星"献出青春、才华，甚至生命的科学家和战士值得我们永远尊敬和怀念。

57. 半字诗和一字诗

数字入诗，是常有的，特别在古代，有很多这样的诗，这些诗叫数名诗。这些诗，有的以用词恰当著称，有的又显得调皮活泼，还有的则像一把尖刀，讽刺社会上的不良现象。

下面看几首只用一个数字的诗。

听说过每句诗里都有一个"半"字的吗？估计你没有听说过。这种"半字诗"还真有。

下面这首《水乡》出自明代文学家梅鼎祚。

半水半烟著柳，

半风半雨催花。

半没半浮渔艇，

半藏半见人家。

4句24个字，每句里含了两个"半"字。给我们描绘出一幅幽静的水乡美景，实在太妙了。

除了半字诗，还有一些诗，诗中每句都有"一"字，且叫它"一字诗"吧。如清代陈沆的《一字诗》：

一帆一桨一渔舟，

一个渔翁一钓钩，

一俯一仰一场笑，

一江明月一江秋。

你看，夜里，江面上，天上有明月，一个渔翁载舟垂钓……多美的意境啊！

下面这首也是"一字诗"，但意境截然相反。

元曲《雁儿落带过得胜令》：

一年老一年，一日没一日，

一秋又一秋，一辈催一辈，

一聚一离别，一喜一伤悲。

一榻一身卧，一生一梦里。

寻一伙相识，他一会咱一会，

都一般相知，吹一回唱一回。

诗中用了22个"一"字，反映了人生虚幻的凄苦。

58. 数字顺序诗

数名诗里，大部分是在诗中嵌入数字一、二、三等，而且往往是依着顺序安排的，我暂且把这样的数名诗叫数字顺序诗。

过去，有不少街头艺人，锣鼓一敲，周围渐渐聚集了一些观众。艺人们便开始卖艺，"有钱捧个钱场，没钱捧个人场"。他们中间有说的，有唱的，有表演武术的。

在南方,有一种艺人叫"小热昏",说唱小调、故事等。当年上海有个小热昏叫刘春山,上午发生的新闻,竟然下午就可以唱出来,被称为"潮流滑稽"。

"热昏"这词,用现在的话来说,就是胡闹、乱来,或者就是搞笑、段子的意思。下面这段唱,就是胡乱地将不同时代的古人聚集在一起,但这是一首绝妙的数字顺序诗。可见这些民间艺人虽然未必读过多少书,但实践中练就的功夫真的很厉害。

> 一人一骑一条枪,二国相争动刀枪。
>
> 三气周瑜芦花荡,四郎失落在番邦。
>
> 伍子胥要把昭关过,六郎拼命杀番邦。
>
> 七星灯归位诸葛亮,八仙过海吕纯阳。
>
> 九进中原金兀术,十面埋伏小张良。

诗中不但安排了一、二、三……十这些数字,而且提到了周瑜、伍子胥、诸葛亮等不同时代的名人。

行文至此,想起了相声大师侯宝林的《关公战秦琼》,这段相声中,艺人受军阀的逼迫,不得不把不同时代、毫不相干的关公和秦琼,凑在一起打了一仗,让人啼笑皆非。

下面这首五言诗,描写一座安安静静的小村落,而且区区20个字,把10个数字按照从小到大的顺序都嵌了进去,无论从意境还是押韵平仄,都无可挑剔。

> 一去二三里,烟村四五家。
>
> 楼台六七座,八九十枝花。

这样按顺序排的数字诗有不少。

> 一身平价布,两袖粉笔灰。
>
> 三餐吃不饱,四季常皱眉。
>
> 五更就起床,六堂要你吹。
>
> 七八天停饷,九十假断炊。

这是一首描写20世纪二三十年代老师清苦生活的诗。从诗中可以看出当时教师社会地位和经济地位是很低下的,与现在的人民教师不能同日而语。

清代有位诗人写过一首《咏麻雀》的顺序数字诗:

> 一窝二窝三四窝,五窝六窝七八窝,

食尽皇王千种粟,凤凰何少尔何多?

借麻雀之名讽刺那些吃皇粮却不作为的大小官吏。

下面这首诗讽刺了一些人的不良生活状态。

打牌一天两夜不累,喝酒两斤三斤不醉。

跳舞三步四步都会,工作七荤八素想睡。

除了从小到大安排数字,也有从大到小倒过来安排数字的。

在《西游记》里,有一首诗,是写唐僧师徒四人一边赶路,一边欣赏山景,不知不觉天色已晚的情景。诗中把 10 个数字按倒序嵌了进去。

十里长亭无客走,九重天上现星辰。

八河船只皆收港,七千州县尽关门。

六宫五府回官宰,四海三江罢钓纶。

两座楼头钟鼓响,一轮明月满乾坤。

描绘了一幅非常安静的夜色场景,安静之中又有钟鼓响声,有景又有声,想象起来,真是太美了,和《枫桥夜泊》可有一比。

59. 避数诗

除明显地出现数字之外,也有诗歌故意避开数字,但意思又是指数字。"让你猜一猜",这一招有点故意为难人。这样的诗叫避数诗。

相声里常常有这类段子,比如,逗哏说:"数字很重要,人人都离不开数字。"捧哏说:"我就不需要数字。"

于是逗哏引捧哏说出数字,捧哏偏偏避开数字,便引出一阵阵笑声。

传说有个叫钱九公的老头,他的孙女名春娥。春娥非常懂事,为了表示尊敬,从来不在爷爷跟前提"九"字(这是古代的一种规矩,叫避讳)。一天,邻居张老九、李老九趁钱九公不在家时,找到春娥,让她给她爷爷传个话:

张老九,李老九,相约明天九月九;

炒上九盘青韭菜,九公去喝九盅酒。

每句话里都有九,看你春娥传话时怎么能够不说这个九字。

不久,钱九公回来,春娥便跟他说:

张李二七公,(二七为九)

重阳喜相逢。(重阳即九月九)

炒上三六盘,(三六为九)

去喝四五盅。(四五为九)

你看,她硬是避开了九!

60. 七和八的打油诗

有一次,我随着自己工作的部门去苏州的洞庭东山、西山和常熟旅游。第一天到东山,晚上,导游带了我们 7 女 8 男共 15 人去找一家他熟悉的饭店就餐。因为该饭店搬了家,几经周折才找到。这饭店虽小,饭菜不错,价廉物美,大家吃得非常开心。

晚上睡在高级的东山宾馆,一大早醒来,我有点"诗意",写了一首打油诗,用七、八两个数字,还是有点别致的。同事说,毕竟是数学老师,写的诗也用上数字。

七曲八绕找饭庄,

七女八男像饿狼。

七零八落碗朝天,

七嘴八舌笑语狂。

在曲艺中有一个叫"三句半"的表演形式,和打油诗一样,常常有妙趣横生之感,人们因此为之开怀大笑。表演时,出场的有四位演员,前三位演员一人说一句,第四位说半句。所谓半句,就是两个字或三个字。别看这半句,往往是画龙点睛之笔,笑料、包袱就在其中。

《古今概谈》里有一篇"三句半"的词,说的是一个小混混,犯了罪,发配充军,应了一句名言:出来混,迟早要还的。平时的铁哥们不来送他,只有舅舅来送他。词是这样的:

发配到云阳,

见舅如见娘,

两人齐下泪,

三行！

咦？两人齐下泪，应该"泪四行"才对，怎么只有"三行"？请你猜一猜。

原来舅舅一目失明。

61. 懒弟子和瞎先生

明代的翰林章懋，童年读私塾。私塾嘛，授课内容大多死记硬背，而老师也很死板，水平不怎么样。老师讲课时，摇头晃脑，眯起眼睛，有腔有调地高声朗读，好像进入了一个美丽的世界。可学生年纪小，贪玩，见老师眯起眼睛，就在下面做小动作，打打闹闹的。

老师要求学生跟着他大声朗读，有几个调皮的学生根本不会，也有喜欢顶牛的学生就是不读。

章懋不是调皮捣蛋的，但是他喜欢默读。其实喜欢朗读和喜欢默念，是各人的习惯，不必强求统一。

可老师不满意了。他有意出一上联要章懋对，上联是：

懒弟子仰面数椽一二三四五六七八九十

意思是，你不读书，头抬得高高的，干什么？数屋顶上的椽子啊。

章懋想，我又不懒，只是不喜欢哇啦哇啦地大声读书而已，心里不痛快，于是想和老师捣蛋一下，对出下联：

瞎先生低头算命甲乙丙丁戊己庚辛壬癸。

你说我懒弟子，我称你瞎先生。谁叫你朗读时低头眯眼，你用了一二三四五六七八九十，我用了算命用的甲乙丙丁戊己庚辛壬癸十个字。对得非常工整，精彩！

老师摇摇头，拿他没有办法。

62. 祝枝山毒联

明代苏州四大才子之一的祝枝山，是个大书法家。相传他为人仗义，但出言又非常刻薄，号称"洞里赤链蛇"，被他"咬"一口，不得了，非中毒不可。

有一次他去杭州看望好朋友周文宾，正好是大年夜，祝枝山兴致来了，一家家给人家写春联。

其实当时的杭州人，流行"无字对联"，意思是平安无事，图个吉利。所以家家户户门口都是两条红纸。老祝不管三七二十一，不经过主人的同意，在两条红纸条上给人家写对联。

写之前，他会先问问随从，这户人家是好人还是坏人？是好人，就写好的词句，是坏人，嘿，那就不客气了！

当他听说这户人家是当地恶霸，他便灵机一动，写了一副绝妙的对联。

上联：二二三三四四五

下联：六六七七八八九

横批：二四七三

这是一副特殊的对联，整副对联是由数字组成的（祝大爷简直应该当数学家了），而且是一副谜联，又是隐字联，上联缺了"一"，下联则少"十"，什么意思？要让你猜猜。

利用数字谐音，连起来就是"缺衣少食"。祝福的春联总应该写丰衣足食什么的，祝大爷咒那家人家缺衣少食，嘴巴多毒啊！

横批骂得更痛快，横批的意思是："儿（二）死（四）妻（七）散（三）"。真是条洞里赤链蛇，毒嘴巴，毒舌头，毒到家了。

63. 当音乐家遇到数学家

一位音乐家和一位数学家是两亲家。两人虽然和睦相处，但一直缺少共同语言。常常你说你的贝多芬，我说我的华罗庚，你拉你的小提琴，我画我的几何图。

一天，音乐家说，我们专业不同，但大家都读过语文，一起讲点语文的事情吧。数学家说好啊好啊！

于是音乐家说："我出个上联，请听仔细了。"

数学家说："我听着呢，我耳朵又不聋。"

"我知道你耳朵不聋，但我还是提醒你，请听仔细。"

数学家不耐烦了，说："请说吧。"

音乐家的上联是：

独览梅花扫腊雪

数学家初听，不过是观看雪景么，心想为什么反复要我听仔细呢？琢磨了一下，发现有陷阱啊！

你们看出陷阱在哪儿吗？

原来，"独览梅花扫腊雪"的发音就是音乐里的 7 个音符：do re mi fa sol la si。这样一来，难度就大了。

数学家想了半天，终于对就下联：

野睨山势舞流溪

看来是描写山水的句子，竟然发音是 7 个数字：1234567。太酷啦！不过，这位数学家是南方人，其中的"睨"，是数字"2"的方言发音。

7 个数字对 7 个音符，妙！实在是妙不可言！

64. 七刀八刀

明朝有个人叫蒋涛，很聪明，少年时就能诗善对。

一天，天上下着小雨。蒋家来了位客人。这位客人知道小蒋涛文采了得，就想考考他，客人看着窗外的雨，随口吟出一副上联：

冻雨洒窗，东两点，西三点

这个上联可以说是"刁钻"，既应当时下雨的景，又玩弄起了文字游戏。"冻"字拆开是"东＋两点"，"洒"字拆开是"西＋三点"。这实在太妙了，对起来当然有难度。

大家都在看着小蒋涛，只见他不慌不忙，从屋里抱出个大西瓜，切成两半，其中一半切了七刀，另一半切了八刀，对客人说道："我的下联对出来了。"

切瓜分客，上七刀，下八刀

原来，"切"字拆开正好是"七＋刀"，而"分"字拆开是"八＋刀"。客人和在场的家人都赞不绝口。

65. 状元郎量鱼儿的长度

明朝时,有个宰相叫叶向高,一次他路过福州,住在状元翁正春家中。文人相见,三句不离吟诗答对。

他们二人在花园里漫步,经过一个池塘,一汪清水,见水面上几只鸭子在潇洒地游弋,叶相心中萌生一副对联,说:

七鸭浮塘,数数数三双一只

这个上联不但有数字,而且还有加法和乘法。

翁正春被将了一军,先是一愣。毕竟是状元,他看看池塘,除鸭子在游荡之外,还有众多小鱼在戏水,眉头一皱,当即应道:

尺鱼跃水,量量量九寸十分

一尺之鱼,当然是九寸加十分(十分是一寸),对得十分工整。叶相听完,哈哈大笑。

66. 苏东坡解围哑谜对

一次,苏东坡陪一位外国使者出游,走着走着,见周围山明水秀,前方还有一座宝塔巍然耸立。美景啊!

既然来中国当大使,使者汉语水平当然不低。行走间,遇到一老人。使者想试试中国人的文化素养,出一对联请老人来对。

使者指着宝塔说上联:

独塔巍巍,七级四面八方

在古代,识字的人是很少的,老人是个文盲。他听着这位外国人说着之乎者也的斯文话,可自己只能听懂当地的土话,听不懂使者的"洋泾浜"官话。

老人急忙摇手,这使苏东坡感到很没面子,顿时面孔涨得通红。但是苏东坡毕竟是苏东坡,他灵机一动,对使者说,"这位老人的下联已经对就了"。

使者不解,说:"老人家还没有开口,更没有写字,怎么说对就了呢!"

苏东坡说:"老人是哑谜对,你不懂了吧。"

使者只得虚心请教。

苏东坡说，老人摇摇手，不是展示了五只粗糙的手指吗？他对的是："只手摆摆，五指两短三长。"你看对得多工整啊！

使者无语。心想：山野村夫竟会哑谜对，大中国太厉害了！

67．小别重逢

我读大一时，随着大部队下乡参加劳动。回校那天，到宿舍一看，寝室门上贴了副对联。怎么有副对联了呢？

原来，下乡前，有几位同学因身体不好，被照顾留守在校内，安排一些轻省的劳动。他们知道大部队返校，也很高兴，于是写对联来迎接我们。这副对联是这样的：

小别重逢二三八

凯旋归来一一九

啥意思？一下子，大家没懂其意。过一阵子，大家都会心一笑。

原来，我们回来那天是十一月九日，下联中含的一一九，就是这个意思。那"二三八"是什么意思呢？原来我们的宿舍是第一宿舍"238室"，而"小别重逢"正好说明留守的同学和我们分开了一段时间再相逢。

这"二三八"三个字还有一层意思。越剧《梁山伯与祝英台》里"楼台会"的一句著名唱词，就是"小别重逢梁山伯"，当年是家喻户晓。"238"中百位上的2，在沪语里读作"两"，因此"238"和"梁山伯"正巧谐音。

学数学的学子能写出这样一副对联，真是有才啊！

这是1958年的事，距离今天超过一个甲子了，还是记忆犹新！

68．对联变来的数式

苏轼的《饮湖上初晴后雨》千古传诵，后人追随诗中意境，写了一副叠字对联：

山山水水，处处明明秀秀

晴晴雨雨,时时好好奇奇

有些好事的数学人,在这对联上做起了文章。

对联中共有 10 个不同的汉字(山、水、处、明、秀、晴、雨、时、好、奇),如果把它们分别换成数字,可以编出一道数学趣题。

在以下两式的左边添加各种运算符号,使它们变为正确的等式。

$$1122334455＝10\ 000,$$
$$6677889900＝10\ 000。$$

我愚钝又懒,看到了这两个式子后,一时没有算出来,于是在微信里向朋友征解。不料 6 分钟之后,我远在美国的学生鞠继声发来了和上联相关的式子:

$$(112－2－3－3－4)\times4\times5\times5＝10\ 000。$$

我正在拍案叫绝时,紧接着,我的另一位学生,上海市闵行区一位小学校长顾震发来了涉及下联的式子:

$$6＋6－7＋7＋88＋9900＝10\ 000。$$

又过了 20 多分钟,上海徐汇区教师进修学院附中的刘艺老师发来了两个式子:

$$(1＋1＋22＋3\div3)\times4\times4\times5\times5＝10\ 000,$$
$$6\times6\times7\div7＋8\times8＋9900＝10\ 000。$$

我深深地感到,青出于蓝胜于蓝啊!

特别要大书特书的是,当时已经 80 多岁的上海市西南位育中学的老校长庄中文先生(政治教师出身)竟然也作出了一个答案:

$$6\times6＋7－7＋8\times8＋9900＝10\ 000。$$

真是老当益壮!

八、数字和龙门阵

69. 数学大师丘成桐竟被小学数学题难倒了

最近在网上看到两个视频，第一个视频是凤凰卫视主持人鲁豫对话数学大师丘成桐，鲁豫给丘成桐出了一道题：

"1234＝0，1027＝1，2069＝3，问 2471＝？"

丘成桐看了几秒，说："这个我暂时回答不出来。"

哪知台下的小朋友异口同声地说："0"。这是怎么回事？大数学家做不出来的题，小孩子竟可以脱口而出答案。

我们来看看这几组数中有几个圈。第一个数 1234 没有圈儿，所以等于 0；第二个数 1027 有一个数字 0，算一个圈，所以等于 1；第三个数 2069 有三个圈儿（一个数字 0，而数字 6 和 9 里都带有圈），所以等于 3；而第四个数 2471 没有圈儿，所以等于 0。

第二个视频是央视主持人撒贝宁对话丘成桐。撒贝宁出题：

"小明向爸爸借 500 元，向妈妈也借 500 元，共借了 1000 元。之后小明买一双鞋花了 970 元，余 30 元。他还给爸爸 10 元，又还给妈妈 10 元，自己手里还剩 10 元。"

这都没有问题，接下去问题来了。

"小明欠爸爸 490 元，欠妈妈 490 元，490＋490，再加自己手里的 10 元，合起来 990 元。小明不是一共借了 1000 元吗，还有 10 元哪里去了？"

丘成桐盯着题，想了半天，回答不出来，对撒贝宁说："你比我懂这个问题。"

后来撒贝宁让台下的小观众来回答了这个问题，其实道理很简单：花的钱和剩的钱不应该加在一起。

这时候，丘成桐一直在笑，但没有一点尴尬的表情，只淡淡地说了一句："我们数学家不大懂加减乘除的。"

丘成桐是数学界的最高奖——菲尔茨奖的获得者，是当今世界上顶尖的数学家，竟然做不出小学数学题，说起来让人无法理解。

第一道题是脑筋急转弯，从现场情况看，小朋友竟然可以异口同声地回答，说明他们可能是经过训练的。脑筋急转弯可以玩玩，但不要当回事，更不值得训练。丘成桐回答不出来，不表示他不聪明。

至于第二道题，是道趣味的数学题。丘成桐一时回答不出来，也没有什么尴尬的。这说明小学的加减乘除固然重要，但数学更重要的内容比起加减乘除要深刻得多；另外，有的数学家反应很敏捷，这样的趣味题或许可以一眼看穿，但有的数学家不一定反应敏捷，可他们看问题更深刻，或许丘成桐属于后者。

70. 数字互嘲

形体篇

6 见到 9 说：学我的样，又学不像，练什么倒立？

0 见到 8 说：胖就胖呗，系什么腰带？

7 见到 2 说：别跪了，男儿膝下有黄金你知道吗！

0 对 9 说：什么时候开始翘尾巴，不认祖宗了？

运算篇

9 对 3 说：我除了你，还是你。

9 对 0 说：我是老大，加你减你，都毫无意义；

我乘你，一切皆变成空虚；

我除了你，一切都没有意义。

0 对 1 说：我粘在你后面，你价值大增。

71. 提亲

有一户人家，丈夫叫张大，妻子叫张婶，他们生了个女儿，取名叫"芙蓉"。

大家都过来贺喜,都夸芙蓉长得水灵可爱,张大招待亲朋好友,忙得不亦乐乎。

隔壁的郭老三也过来贺喜。

"我去年生了个大胖小子,取名麒麟,今年 2 岁(按虚岁)。"郭老三说:"和你们家的芙蓉蛮般配的,咱们结亲吧!"

张婶说:"这怎么行?"

郭老三问:"为啥不行啊?"

"麒麟的年龄是我家芙蓉的 2 倍,到芙蓉 20 岁的时候,麒麟已经 40 岁了。"众亲友哈哈大笑。

张大觉得自己笨,想了好一会儿,说:

"有啥不行的,我看行。我家芙蓉今年 1 岁,到明年不就和麒麟同庚了?"众亲友更是笑得前仰后合了。

72. 古怪的请假条

一天,张老师收到了一张请假条。

"老师:今天我 4567 了,特请假。学生小明"

张老师是语文老师,什么 4567? 看不懂,想想大概是一个数学题,于是请教数学李老师。李老师想:

"四千五百六十七元,这小明欠账啦? 说不通啊!"

最后只能摇摇头说:"我也看不懂。"

办公室里的一位老师警惕性高,说:

"会不会是密码? $4+5+6+7=22$。难道 22 日有什么事情要发生? 快报告校长吧!"

这时候教音乐的赵老师过来了,一看大笑说:

"不愧是我的好学生。"

张老师和李老师都很纳闷:"还是好学生?"

赵老师说:"这个 4567 是音符 fa sol la si,小明'发烧拉稀'啦!"

73. 波波买芒果

波波走到卖水果的摊前问："芒果多少钱 1 斤?"

摊主回答："3 块 5。"

波波挑了 3 个芒果放到秤盘里。摊主说："1 斤半,5 块 2。"

波波说："太贵了,我不买那么多了。"

说着就去掉了个儿最大(注意:是最大的)的那个芒果。摊主迅速地又瞧了一眼秤,说："1 斤 2 两,4 块 2。"

乐乐在一旁看着,心想:3 个芒果要 5 块 2,平均 1 个应该有 1 块 7,现在去掉一个最大的,还要卖 4 块 2,只减少了 1 块钱? 难道那个去掉的大芒果是空心的? 乐乐实在看不过去了,就提醒波波："他称得不对。"

没想到波波对乐乐摆了摆手,毫不在意,伸手就往外掏钱。

摊主见波波如此爽快,拿眼睛瞥着乐乐,一副得意扬扬的样子。不料波波并没有拿摊主已经装在塑料袋里的两个芒果,而是拿起刚才去掉的那个大芒果,放下 1 元钱,扭头就走……

74. 一手付钱一手取货

冬天,滴水成冰,小李冻坏了。路过一家店,看到门口广告牌上写着:

皮大衣 80 元一件,羽绒服 30 元一件,西装 20 元一件……

小李眯着眼睛一看,这么便宜? 就走进店去挑了 1 件皮大衣和 1 件西装,往身上一套,正合身。然后甩给正在打瞌睡的老板娘 100 元,说："正好这个数。"大摇大摆地就走了!

老板娘愣了一下,然后追了出去,嘴巴里嚷嚷："你站住。别逃!"

小李想:干吗? 我没偷没抢。于是停住了脚步,看看老板娘想做什么。

"你干吗,你明码标价,我也一手付钱,一手取货啊!"

"我不是卖衣服的。"

"不卖衣服? 那为什么标了价格?"

"我这里是干洗店……"

75. 想想也对啊

小张不当饭店的服务员，开起了饰品店。

一天，一位郭小姐来到饰品店，挑了一条标价 500 元的珍珠项链，付了 500 元后拿着项链高高兴兴地走了。

第二天，这位郭小姐又来了。她说，昨天买的项链不好看，要求换一条，于是把项链交给了小张。小张收了项链后，耐心地陪她挑选。她挑来挑去，挑了一条标价 1000 元的水晶项链。她把水晶项链戴在脖子上，在镜子里横照竖照，很满意，然后就走了。

看着她走后，小张突然想起，应该补交 500 元。于是叫住了郭小姐，但郭小姐理直气壮地说：

"昨天我已经付了 500 元，今天把这价值 500 元的珍珠项链退给你，加起来不正好是 1000 元吗？"

小张晕了，想想也对啊。她昨天付了 500 元，今天又退给我一根价值 500 元的项链。她今天拿走一根价值 1000 元的项链，正好。

你们说是正好吗？

76. 狡诈店小二

张三、李四、王二快乐三兄弟住进一家旅馆，老板收了他们 30 元，每人 10 元。后来老板为了吸引他们以后再来，决定给他们一些优惠，他给店小二 5 元钱，让店小二退给他们三人。

5 元钱，分给 3 个人，咋分啊？狡诈的店小二想了一个办法，自己偷偷地藏下了 2 元，然后退给三兄弟每人 1 元。

快乐三兄弟中的王二比较聪明，他想：现在我们三兄弟每人优惠了 1 元，那么等于每人交了 9 元，一共交了 27 元，加上店小二的 2 元就是 29 元。可是一开始他们给了老板 30 元，那另外的 1 元到哪里去了呢？

这是个谬论！这个谬论能成功地骗过不少人。其实，这个式子本身就是错的，根本没有必要将 27 和 2 加起来。正是由于 27＋2＝29 跟 30 相差无几，才容易造成错觉,若是相差太大必然会引起怀疑。

你明白了吗?

77. 以此类推

易老师说:现在有个式子,$xy=100$,根据这个式子,如果 $x=100$,y 就等于 1,如果 $x=50$,y 就等于 2,如果 $x=10$,y 就等于 10……

这样可以得到一串式子:

$$100\times1=50\times2=10\times10=\cdots\cdots$$

这叫反比例。

接着,易老师举例解释:"建一座房子,如果一个人干要用 12 天盖好,那么 2 个人一起干,会怎么样?"

易老师自问自答:"人多力量大,2 个人一起干,只要 6 天就够了。"

"那么 3 个人、4 个人、6 个人、12 个人呢?"

聪明的喜羊羊答:"3 个人一起干,只要 4 天就够了。4 个人一起干,只要 3 天就够了。6 个人一起干,只要 2 天就够了。12 个人一起干,只要 1 天就够了。"

无非是一个式子:$1\times12=2\times6=3\times4=4\times3=6\times2=12\times1$。

一直似睡非睡的懒羊羊突然兴奋了,说:以此类推,

$$1\times12=2\times6=3\times4=4\times3=6\times2=12\times1=24\times\frac{1}{2},$$

24 个人一起干,只要 1/2 天就够了。

因为 $1\times12=2\times6=3\times4=4\times3=6\times2=12\times1=24\times\frac{1}{2}=144\times\frac{1}{12}$,所以 144 人,只要 2 小时。

继续以此类推,17 280 人只要 1 分钟,1 036 800 人只要 1 秒钟。

哈哈,全班同学都笑了。哪有这等好事啊!

灰太狼开腔了:以此类推,如果一艘轮船横渡太平洋要 6 天,那么 6 艘轮船只要 1 天就够了。

大伙儿笑得前仰后合,易老师气得吹胡子瞪眼。

78. 眼花缭乱的资本运作

一家上市的国企原有 50 亿元资金，经过了几次眼花缭乱的资本运作……变成了一家亏损企业。股民们责问老总，问他："钱怎么花的？怎么好端端的 50 亿元一下子就没有了？你报报账！"

老总坦坦荡荡地列出了下面的账单（表 78-1）：

表 78-1　账单 1　　　　　　　　　　　　单位：亿元

运　　作	支出	剩余
第一次　购买 ** 公司的股权，但后来这家公司倒闭了	20	30
第二次　捐献给 ** 基金会	15	15
第三次　买原材料	9	6
第四次　改建厂房	6	0
合计	50	51

列出来之后，股民们晕了，大呼：怎么搞的，支出 50 亿元，剩余 51 亿元，账不平啊！这里面肯定有问题，肯定是出了蛀虫和贪官。你来帮着查查账吧！

我们来揭开这本账的奥秘。

"支出"这一列，合计一下得 50 亿元，是必要的，说明原有的 50 亿元用完了。但是"剩余"这一列的"合计"就完全没有必要，而且是完全不合理的。为了说明这种算法的荒唐。我们夸张一点，更能让你认清错误之所在。假定这家公司第六次改建厂房 6 亿元的费用分 6 次运作（表 78-2），本质上和原来的运作方式是一样的，但是按上面这样的记账方法，出入可大着呢！会让你大吃一惊。

表 78-2　账单 2　　　　　　　　　　　　单位：亿元

运　　作	支出	剩余
第一次　购买 ** 公司的股权，但后来这家公司倒闭了	20	30
第二次　捐献给 ** 基金会	15	15
第三次　买原材料	9	6
第四次　改建厂房 A	1	5
第五次　改建厂房 B	1	4
第六次　改建厂房 C	1	3

运 作	支出	剩余
第七次　改建机房	1	2
第八次　改建办公楼	1	1
第九次　绿化	1	0
合计	50	66

花得越多,"剩余"得越多,最后多到荒唐的程度。可见"剩余"这一列的合计是完全没有必要的,而且是完全不合理的。

你明白了吗?

79. 分面包

小红、小兰、小玲三人一起野餐。事先小红带了 4 个面包,小兰带了 3 个面包,小玲什么都没有带。

到了中午,要吃点东西了。

小玲对小红说:"分点给我啊!"小红很爽快地答应了。

小玲又对小兰说:"你也分点给我啊!"小兰也没有意见。

于是 7 个面包被大家平分吃了。三个人,玩也玩了,吃也吃了,很开心。

饭后,小玲嘴巴一抹,从时尚的皮包里拿出 7 元钱,说:"这是我付的饭钱。"

现在时兴 AA 制么,小红、小兰她们也不客气。小红取走了 4 元装到自己的口袋里,余下 3 元小兰拿了。三个人愉快地分手了。

三人回到家里,各自向自己的丈夫汇报了情况。哪知道有一位精明的丈夫说,"不对啊! 我们亏了。"

是吗? 你怎么看。

这样的分摊是不对的。

三人是平均吃掉这三个面包的。小玲是其中的一个人,她付了 7 元,说明这 7 个面包价值是 $3 \times 7 = 21$ 元,每个面包平均是 $21 \div 7 = 3$ 元。

小红当初买面包时付了 $4 \times 3 = 12$ 元,现在从小玲付的钱中拿走了 4 元,小红实际付出 $12 - 4 = 8$ 元。

小兰原先买面包时付了 $3 \times 3 = 9$ 元,现在从小玲付的钱中拿走了 3 元,实际付出 9－3＝6 元。

小玲付出 7 元。

三个人分别付出 8 元、6 元、7 元,但吃的东西是一样多的。小红亏了,小兰赚了。这位精明的丈夫是哪一位啊？答案是小红的丈夫。

80. 制伏骗子的妙法

小王是一个很精明的女人,谁想算计她,没门！

有一次,小王收到一条短信：你老公出了车祸,正在医院抢救,急需 10 万元手术费,请把钱汇到 123456789 这个账号上。

小王笑了,老公明明在身边,骗子竟然谎称出了车祸。

"骗子撞到我枪口上来了,我让你看看我的厉害。"

她就按照账号汇出 1 分钱,并在汇款时选择"收款人支付手续费"(每笔 2 元)。

过一会儿,再汇出 1 分钱;过一会儿再……

每汇一次,银行便从骗子账户里扣掉 2 元,连续汇出大概 1 元多钱后,终于收到骗子发来的信息：

"求你了！ 别再给我汇款了,已经扣掉 200 多元了。"

81. 不差钱的小沈

小镇上每家小店的店主都债台高筑。

有一天,小沈来到这个小镇的一家旅店,旅店名字叫"好好好大旅店"。名字起得这么响亮,真有那么好吗？他对赵老板说："我想先看看房间,干净不干净,有什么设施,是不是像你的旅店的名字那么好。"

老板说："可以,包你满意,但要先付点押金。"

小沈于是拿出 1000 元放在柜台上。

就在小沈上楼的时候……

赵老板拿了这 1000 元钱,匆忙地跑到隔壁洗衣店,向田老板支付了自己欠的钱。

田老板有了 1000 元,横过马路到百货店老张那里,付清了购买洗涤用品的欠款。

老张拿了 1000 元,跑到老范那里,付了他欠的汽车修理款。

老范拿到 1000 元赶忙去旅店,付清了所欠的房钱。

1000 元又原封不动地回到了赵老板那里。

此时小沈正好下楼,拿起 1000 元,说:"你们店名不副实。"他声称不满意,把钱收进口袋,大摇大摆地走了……

赵老板虽然没有做成这笔生意,但还是很开心。不但赵老板开心,还有一大帮人都开开心心的。

这一天,没有人生产了什么东西,也没有人得到什么东西,可全镇的"三角债"都清了。

82. 十一姐妹

十一个姐妹之间最近发生了一件事。

大姐去二姐家找三姐说四姐被五姐骗去六姐家偷七姐放在八姐柜子里九姐借十姐送给十一妹的红包 8000 元。

问:(1)究竟谁是小偷?

(2)谁是骗子?

(3)究竟谁的钱被窃了?

好拗口的一段话。仔细想想,前面的"大姐去二姐家找三姐说"和偷窃、骗钱毫无关系。所以大姐、二姐、三姐和本题最后的问题无关。

"四姐被五姐骗去……"这话说明五姐是骗子,四姐是小偷。

"七姐放在八姐柜子里九姐借十姐送给十一妹的红包。"说明钱是放在八姐柜子里的,但这钱不是八姐的,是九姐向十姐借的。九姐借了钱干什么?应该是送给十一妹的红包。但是这钱还没有给十一妹,只是准备给而已,所以被窃方是九姐,即钱的原来的主人应该是九姐。

最后结论:小偷是四姐;骗子是五姐;九姐的钱被窃了。

121

83. 虚心使人进步（相声）

甲：考考你，什么是数学？你知道吗？

乙：什么是数学？这倒还真的说不清。

甲：不知道吧，不知道就要虚心，虚心使人进步，骄傲使人落后。知道吗？

乙：数学么，数学就是1＋1什么的。

甲：好，就说1＋1。1＋1等于几？

乙：（调皮地）1＋1＝3。

甲：（面孔一板）该打手心，1＋1竟然等于3。叫你要虚心，虚心使人进步，骄傲使人落后。

乙：有道理的，一个男人，加一个女人，结果生了一个孩子，不是1＋1＝3了。

甲：胡闹！

乙：喔，不对不对，1＋1＝不知道，数学家陈景润研究哥德巴赫猜想，只做到1＋2，1＋1还没有人知道呢！

甲：你是不懂装懂。哥德巴赫猜想里的1＋1和1＋2有另外的含义，不是我们普通的加法。叫你要虚心，不能不懂装懂，张冠李戴。

乙：（接过话）虚心使人进步，骄傲使人落后。

甲：你知道不能骄傲啊！

乙：我说1＋1＝不知道，这是有道理的，1斤加上1斤，不就等于1公斤吗？

甲：又在胡闹。

乙：1斤加1两，不就等于1.1斤吗？1＋1既可能等于1，也可能等于1.1。所以说，1＋1＝不知道！

乙：好，言归正传，给我们讲讲什么是数学吧。

甲：1只羊加1只羊，等于2只羊；1条狗加1条狗，等于2条狗；1个碗加1个碗，等于2个碗；1粒瓜子加1粒瓜子，等于2粒瓜子；1把椅子加1把椅子，等于2把椅子；1棵树加1棵树，等于2棵树……

乙：你有完没完？

甲：这些问题形式不一,但有共同的特点。数学家从这些具体的问题中,抽象出,1+1 总等于 2。

乙：哦!

甲：数学的最大特点就是抽象性,你懂吗?

甲：再说鸡兔同笼问题。一个笼子里有一些鸡和一些兔,数了数,头共有 28 只,脚共有 52 只,问鸡兔各有几只?

乙：既然在数头,不会直接数清楚鸡头几只,兔头几只吗? 这种题没意思!

甲：是的,也有位专家,说他长这么大,没有见到把鸡和兔子关在一个笼子里的。我真弄不清这位专家到底是不是专家。

乙：你太不虚心了,人家总是专家啊!

甲：你又不懂了。我把背景换一下,现在有 28 副车把,69 个轮胎,请问能装配几辆自行车,几辆三轮车?

乙：一辆自行车一副车把,两个轮胎;一辆三轮车一副车把,三个轮胎。这有点像鸡兔同笼的问题啊!

甲：鸡兔同笼和车把轮胎问题,都是同一类问题的不同表现形式。鸡兔同笼似乎没有实际意义,而车把轮胎问题就是很有意义的生产问题了。所以不要轻易否定这样的数学问题的作用。

乙：也是。懂了,数学的抽象意义非常伟大。